藍學堂

學習・奇趣・輕鬆讀

10倍力，人才的應用題

矽谷高自治、超彈性的育才法，工作力、領導力十倍升級！

麥可・索羅門（Michael Solomon）
瑞雄・布隆伯格（Rishon Blumberg） 著

黎仁雋 譯

GAME CHANGER

How to Be 10x in the Talent Economy

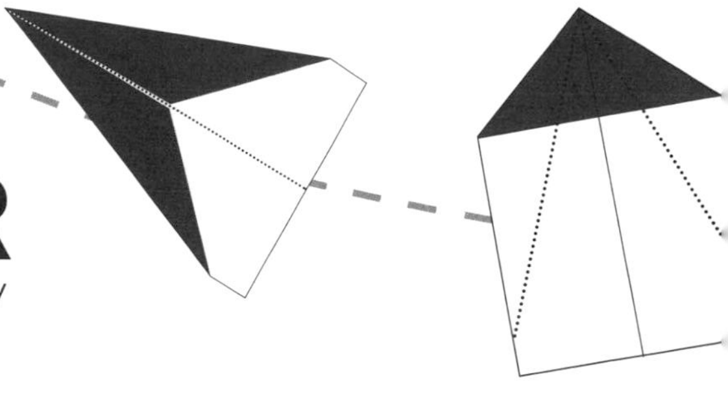

目錄

2. 如何成為十倍力者

推薦序

後疫情時代的職場方向

何則文
人氣專欄作家、職涯教練、「職涯實驗室」創辦人

在這個後疫情時代，企業的結構已經開始解離，愈來愈多企業不喜歡聘用正職員工，改以外包合作方式與個體合作；工作的模式也從過去的上、下班改為遠距工作，這也幾乎成為主流。這樣的趨勢下，企業聘用員工只會趨向用最頂尖的人才。想要駕馭跟領導這種頂尖的人才，以期發揮最大綜效，也成為未來時代企業組織在發展管理上的一大課題。

這樣的頂尖人才，稱為十倍力人才。在個體與遠距工作崛起的趨勢下，未來新時代人才，將對現今的企業與員工帶來巨大的影響。尊重與信任將成為未來時代每個企業的共同文化，彈性與自主自律也將成為每個員工在求職時選擇公司的標準配備。

管理者面對這樣的新時代變革，也須做出相應的成長與調整，怎樣可以給夥伴空

間，發揮他們的十倍潛能，為公司帶來更高價值。傳統的手把手指導管理的緊迫盯人將會被時代的洪流拋棄。具體指出目標，十倍人才將給你創意無限的解決方案。

到底該怎樣塑造、領導跟管理新時代人才？麥可跟瑞雄這對創意夥伴，共同創辦了全球第一家科技人才經紀公司（10x Management），在與許多頂尖的世界五百強企業合作過程中，積累的許多新方法，將在本書中一一向我們揭露——人才，才是成功企業的根本。

在新時代，過去傳統的金字塔型科層體制也會改變。上下級的關係將不只是單線的指派任務與執行，更多的是相互合作、對等尊重，以解決問題，驅動每一位夥伴的內在動機。怎樣建立這樣的尊重與信任，除了傾聽以外，更多的是可以在承諾上，還有放下自己做為管理者的自我中心。

在這本書中，麥可跟瑞雄為我們描繪了栩栩如生的數位化未來，工作型態跟組織將會如何進行典範轉移。我們都要成為雙重角色的身分，也就是同時扮演人才與管理者。這意味著換位思考將會是未來最實在、最重要的技能。這種換位思考，轉換角度的概念也讓人更能夠設身處地為人才擘劃屬於他的職涯發展道路與宏大願景，讓公司的目標能切合地與個人的發展對標、對齊。

同時，好好推銷自我的想法，也是十倍力人才的關鍵技能。讓好的創意可以不斷向上傳遞。這時候就需要一個「第三方」的有力支持，也就是有人代表你提出主張時，同時如果做為一個領導人可以成為一個好的第三方，團隊也會因此產生忠誠與最佳表現。

總而言之，兩位作者在書中為我們帶來矽谷頂尖企業群的第一手觀察，其中的例證以及故事都值得我們細細品嘗。想學會如何在後疫情時代成為頂尖的十倍力人才或管理者，都能從這本書中找到方向與解答。

推薦序

天下武功，唯快不破！

何啟聖
職場專家、1111人力銀行總經理

快，正是科技帶動人類前進的寫照！如果跟不上節奏，就只能遭到淘汰。從二〇二〇年初發生的新冠病毒疫情，徹底改變了舊有的職場生態，這時候《十倍力，人才的應用題》的出版，正其時也！

在這個科技逐漸取代人力的時代，讓上班族惶惶不安的是，什麼時候會在職場上退下來，因此，強化自身的競爭力，是刻不容緩的課題，在這本書裡，可以啟迪你全新的思維，讓自己立於不敗之地。

原本以為，在今天的職場當中，最難熬的是三十五歲以下的族群，因為在他們的眼中，自己屬於「崩世代」的一員，最好的機會，早已被五、六年級生霸占，面對低薪、高房價困頓的窘境，對於發展似乎只有一籌莫展的慨嘆。其實，事實不然，如何提昇自已成為「十倍力的人才」，儼然成為今日的顯學。

而要打造「十倍力」的工作場域，讓企業像是打通「任督二脈」一般的騰飛，還需要主、客觀因素的配合。首先，要有十倍力的公司，才能吸引十倍力的人才，而要有十倍力的人才，還必須建立十倍力的管理。

其實，無論外商、本土，過往論資排輩的考核制度，早已受到嚴峻的挑戰，年輕世代的豐富創意，以及對於新科技的運用，都讓這群天之驕子，在風口浪尖上，處於主導的位置，因此，現在還在職場上奮進的上班族，務必要體認到遊戲規則已經改變，惟有審時度勢，才能迎接挑戰，終底於成。

這也是一本給企業領導人閱讀的管理指南。雖然在台灣，很多企業已經意識到「人性管理」才能激發起更大的能量，但是，絕大多數的管理法則，仍然是制式且僵化的，因循著上班打卡、撰寫報表、頻繁會議、科層文化等等，這些憑藉著「經驗」所累積下來的模式，在科技時代已然是一種窠臼，甚至，嚴重一點來說，它可能形成企業向上發展的阻礙，因為，你連管理的方式都落伍了，怎還能讓員工期待有什麼樂觀的前景呢？

這次的疫情，讓在家上班、讓視訊會議、讓績效檢核的方式、讓交貨方式、讓辦公動線等等，都出現了前所未有的鉅變，這正是檢視十倍力人才應用的絕佳時機，究竟是要在這個變局中做困獸之鬥；還是擺脫沉痾，朝向全新的目標騰飛，這本書可以讓你做出正確的選擇。

推薦序

你是人才，也要是管理者

盧世安
職涯輔導顧問、「人資小週末」創辦人

最近這幾年，在我大量接觸年輕夥伴過程中，我發現一個殘酷的事實，就是年輕組群工作能力M型化的狀況愈來愈嚴重，也就是說關於人才能力的分組，已經不再完全是一種線性的規律延伸，而是一種斷層式的群聚分佈。

這也是為什麼近年來會出現企業求才若渴，卻找不到人；而年輕人也不斷反映，找工作的難度好像更為提高的主因。因為，這個現象發生的癥結點就是：企業對人才應具備能力水準的要求，其實不斷在提高；而相對的，符合企業心中人才水準的數量卻愈來愈稀有（少子化更讓問題雪上加霜）。而企業到底想要什麼人才，從我近年來所接觸的企業對人才的期待，彙整起來非常有趣，其實愈來愈接近本書所描繪的「十倍力人才」。

老實說，這本書所揭櫫的是其實是一個很老的議題：就是一個組織，一家企業要如何與時俱進，「重新定義」所需的人才！要解答這個問題，我建議的起點是，要從認識不斷變遷的新環境中去理解工作樣貌，進而找尋新的人才解決方案。而我認為，無論是企業主或者單位主管，都有機會在這本書中找到「人才匱乏」的可能解決之道。核心焦點就是去理解，您與您的企業為什麼沒有辦法找到或吸引十倍力的人才。

本書在撰寫時規畫了兩個清楚的面向，一是如何成為一個能夠吸引十倍力人才的公司與管理者，一是如何讓自己成為一個具有十倍力的人才。詳細的推演內容，建議您可以細讀本書，我在此只能簡明扼要說明。

首先，十倍力的人才有一個非常大的特點：就是他們的能力超強，並具有高度的移動力，所以主客觀來說，他們很難定著在任何一個企業。因此要怎麼樣「使用」一個具有十倍力的人才，不能依循傳統的雇傭模式，必須要重新思考的是，公司是否能創造與十倍力人才共同協力的環境與工作框架。因為十倍力人才往往是具有足以改變產業「遊戲規則」的人，所以值得您為他們投資，思考如何型塑一個能夠吸引十倍力人才的優質管理樣態。

其次，十倍力人才也分為「十倍力工作者」與「十倍力管理者」，而更有趣的是十倍力的工作者，往往同時也要是一個十倍力的管理者，也就是說，十倍力人才，之所以是十倍力人才，關鍵之一就是他必須能夠有彈性地穿梭於兩者之間。這是在我接觸的許多新創企業的創辦人身上看到的實例，他們即使已經新創有成，公司已有一定規模，但還是會不斷在十倍力工作者與十倍力管理之間快速位移。他們之所以這麼做，不是他們「捨不得」第一線工作，而是他們清楚了解，他們在工作層面與管理層面的槓桿效應，可以帶領團隊快速突破困境與挑戰。

最後要說的是，如果您不是企業家，或不是管理者，也不「認為」自己是十倍力人才，還需要看這本書嗎？其實很需要，因為讀懂本書，除了可以理解與學習十倍力人才的工作模式外，在這本書的最後幾章，作者還敘述了非常多關於一個工作者應該如何進行「工作定位／工作溝通／求職談判」的內容，以我資深職涯輔導顧問的角度來說，這些段落所寫的內容很「開腦洞」，有許多很特別的啟發，值得大家參考。

序

所謂十倍力，我們說的是……

十倍力的世界

歡迎來到「十倍力人才」的時代。這個時代，無論大小企業和政府單位，都只會雇用最頂尖的人才。

今天，才能出眾的人比過去任何時候都來得重要，他們知道這一點，也一直在改變遊戲規則。

環境轉變如此之快，人類一切的行為和互動，以及所有的產品和服務迅速數位化，使我們每個人都必須擁有過人才略，才能隨時準備好和時代、現今的職場接軌。

時代不可逆，十倍力者即將掌控世界，不可能回頭了。那麼，所謂「十倍力人才」，究竟是指什麼樣的人？

首先根據經驗，我們指的是世界上最受歡迎的程式設計師和編碼高手，不過對於任何關心自己或身處團體、以指數級速度自我提升的人，本書談的十倍力概念會引起他們的共鳴。擁有十倍力不僅僅是優秀，更能夠實現超過十倍的期望。十倍力者同時兼具高智商（IQ）和高情緒智商（EQ），時時處於成長和改進的狀態，充滿好奇心且雄心勃勃，以及永遠渴望做得更多、做得更好。十倍力者可以為各大領域的企業處理最棘手的問題，提升績效和業績，同時為企業開闢一條成功之路。

很重要的一點是，十倍力者存在於各種外形、體型、性別、種族、國籍、性傾向和年齡層（不管如何定義自己，任何人都可以擁有十倍力）。

無論你身處什麼行業，都要盡可能爭取到最多的十倍力者。

「未來已經到來，只是並未讓全部人覺察到。」

——科幻小說家 威廉・吉布森（William Gibson）

我們身體和心智活動的歷程愈來愈數位化，在未來幾十年，我們對快速達成超出期望的要求將會升高。現在所謂的「好」，可能會淪為「不夠好」，能輕易被演算法和機器取代。我們要與真正的傑出者密切合作，同時對大多數人來說，更必須重塑思維。如果你不努力成為遊戲規則的改變者，或是你的公司不努力改善表現，未來終將會被數位化的趨勢拋在後頭。

這正是本書派得上用場的原因。

在我們看來，十倍力革命已然全面展開。即使最漫不經心的觀察家，也能輕易看出傳統的工作角色日漸衰微、被捨棄，甚至消失。根深柢固的舊階級制度、雇用慣例、生產模式及管理風格，全都瀕臨滅絕。確實，科技領域的十倍力者已經率先創造且欣然接受這種激進的典範轉移（paradigm shift，美國科學史及哲學家孔恩〔Thomas Kunn〕提出。典範是指被研究社群的成員認同接受的信念、價值和方法，而典範轉移是一種科學革命，即在信念、價值和方法上進行轉變的過程。），但巨大的改變如同野火，正蔓延到各個領域。舊模式的員工過去把自己的角色視為機器的齒輪，如今十倍力人才更重視自己，認為沒有自己機器就無法運作，這個轉變更從根本上區分出新、舊職場。現在，十倍力人才知道你必須接受並關注這個全新的觀念。

科技和數位化瓦解了所有事業的根基，在這種情況下，經營、治理或其他方面的控制權都已交給憑藉卓越技能、高效率和顯著成長的人。世界市值最高的前六大公司皆在科技業，還有市值達到兆元的四家美國公司也在科技業。現今世界前二十名最富有的人當中，有九位靠科技致富。不管是好是壞，其餘的人都免不了與他們並肩工作。無論公司雇員（全職或兼職）或獨立承包商（自由工作者）、從事什麼行業、在哪個專業領域，我們都活在這個遊戲規則改變、十倍力革命前期的影響之下。

十倍力差異

卓越是指一次又一次高水準的表現。你能命中一記半場投籃，全靠運氣。如果始終都能做到，這才叫卓越。

——美國饒舌歌手、企業家，JayZ

十倍力者是足以改變遊戲規則的人（Game Changer，也是本書原書名），也是企業與政府機構的最大資產，他們同時擁有科技人才與創造者的雙重身分和影響力。同時，我們也將揭露在任何產業裡，十倍力表現背後的祕密，因為有能力吸引、雇用和留住十倍力人才的公司，無論規模大小，都是遊戲規則的改變者。

你必須有十倍力的表現才有資格留在遊戲中，我們說的究竟有多少可信度？有一個來自第一線的真實故事，比你想得更為真實。

去年，一名成功的非營利組織創辦人與我們接洽，她是妮可（Nicole）。這個組織以科技為主，妮可本身也有科技背景，但她不當一般員工很久了。她知道我們有幫助科技業與程式頂尖編碼員媒合的能力。自二〇一一年起，我們發掘並審核了很多最優秀的契約型科技人才，將他們與大大小小的公司，從威訊（Verizon）、全球網路市集 eBay、BMW、美國運通（Amex）、麻省理工學院到 Vice，甚至和聯邦政府媒合，也因此建立了聲譽。

妮可向我們吐露：她知道自己團隊中的三十六名成員完全無法達到目標。我們告訴她有一個人選是不折不扣的十倍力者，同時向她表明這個人最適合帶領科技專案，另外她還需兩名技術純熟且有能力快速扭轉公司局勢的開發人員。

妮可滿意這個結果，但要我們先耐心等待兩週，不要跟任何人提及這段談話。

兩週後，妮可再次來到辦公室，告訴我們她至少解雇了三十六人團隊中的三十三名成員，超過九〇%。她很抱歉資遣這麼多優秀的員工，並隨即提到他們都得到很好的照顧，不過有個簡單的事實無可爭辯：我們推薦的三位十倍力者可以創造出比三十三名、或甚至一百名只是「非常好」的工程師更好、更強大且更長久的產品。

這只是許多故事中的一個，卻具體證明了十倍力者的真正實力。不到六個月，妮可的平台採用全新的方式進行重建，能像亞馬遜（Amazon.com）一樣快速處理交易，充滿全新和長期受到青睞的特色商品，妮可的公司正迎來新一波的穩健成長。

關鍵的第一課：在新的人才經濟中，與你打交道的每個人最好都身懷十倍力，或至少以此為努力目標。

擁抱十倍力，或等著被淘汰

遊戲規則已經改變了，但不是每個人都能迅速、或帶著善意去適應。就我們而言，十倍力革命是一個顯而易見的基本事實，但同樣明顯的是，有些人比較難將其內化，尤其是那些任職於較老、較大產業的人，他們總會陷在過時政策、繁文縟節和腐敗停滯的文化規範中。

再說另一個真實故事，不過牽涉其中的人名已更改。

有兩家公司正處於危急存亡關頭：一家是教育新創，一家是中型製藥。兩家都亟需一名真正有才能的人員介入，重新建構他們複雜的商業技術，於是向我們求助。幾經考慮後，我們推薦了傑克（Jake），他是我們最優秀的客戶之一。

傑克是經驗老到的開發人員，也是十倍力概念的典範，經常帶來超乎承諾的價值。他知道自己要什麼，但不是全職雇員的工作。傑克希望七成時間可以遠距工作，就每項關於公司的重大決定提供意見，如同能為公司節省成本的頂尖程式設計師，他想要照自己的工作步調按時計酬。最重要的是，傑克知道自己很受歡迎，每週都有人來打聽他。

辦公室遍及全球的製藥公司對傑克的要求感到猶豫。為什麼他就不能為這份待遇還不錯的工作機會表示感激？為什麼他不欣喜若狂接受被安排在指揮鏈的角色？擁有聘雇權力的人無法精準體認到傑克之後的情況，在催促他接受時，他們根本不打算提供傑克想要的。這樣的挫敗我們每週都會遇到，並非每個人都能理解。

媒合傑克期間，我們盡最大努力說服兩家公司相信傑克能提供很有價值的助益，但他們完全不願打破自己根深柢固的雇用觀念。在痛苦的自我破壞中，他們完全沒有意識到我們正在經歷巨大的文化轉變，因為有人才的地方才會有影響力。

不過與教育新創公司交涉時，我們的運氣好一些。他們雇用了傑克並接受他提出的條件，因為他們與傑克的觀點相投，理解他的文化取向和選擇的生活方式。他們知道傑克是貨真價實的十倍力者，這也意味他們了解傑克能為公司帶來成長。

製藥公司如今的情況似乎正迅速惡化，他們未能把握最後一線生機。同時間，雇用傑克的教育新創公司成為該領域的市場領頭羊，傑克仍是他們斷斷續續聘雇的其中一位正式顧問。他們知道，公司取得的重大進步，與傑克及其他一樣的十倍力者所提供的卓越表現有直接關係。

失敗的公司只好吃些苦頭，並從中汲取教訓。為了吸引、激勵和留住新人才，必須更深刻了解改變遊戲規則的「十倍力革命」。

十倍的管理需求

顯而易見，現今的世界正由科技主導，也使得十倍力者處於掌控地位。在擁有十倍力人才的地方，對十倍力管理的需求將會日趨增強。

本書想為這個即將由十倍力支配的世界重新定義人才及管理的概念。透過來自第一線的故事，我們將探究人才與適切管理之間的關係為何是一種共生的力量，而這種力量能以愈來愈快的速度確保所有事業，無論規模大小、政府單位或私人機構，都有永續成功的最佳機會。如同我們將說明的，十倍（力）管理存在於許多形式，但總會帶來不同且經驗豐富的觀點，以及卓越的先見之明，能在日益變化的市場中創造關鍵優勢。另外，十倍（力）管理知道如何在所有未來客戶身上看出成功或破壞的本能。

在本書，我們將探討人才與管理之間的相互作用，何以對當今任何領域的所有員工如此重要。無論在哪、或不管用什麼方法謀生，辦公室或遠距工作，全職或兼差，你都可以制定自己的工作。但為了成為十倍力人才，你必須了解為何在管理方面接受一流的指導（技巧）如此重要。

重新思考人才－管理關係的最佳理由或許是最顯著的論點：一生中，工作很可能會占去大約四〇%的寶貴時間。不管怎樣，人才－管理關係現在是你最親密的私人關係之一，具有像其他任何關係一樣深刻影響你人生的力量。

我們的故事

天賦是上帝給的，要謙遜；名聲是世人給的，要感激；自負是自己給的，要當心。

——籃球名人堂榮譽人物，約翰．伍登（John Wooden）

為什麼非得聽我們說？因為一連串沒有人可以預先計畫的不尋常境遇，拓展了我們在人才管理經驗的廣度。

起初，我們在典型模式的音樂產業擔任經紀人，而且頗有成績。我們的客戶包括約翰．梅爾（John Mayer）、凡妮莎．卡爾頓（Vanessa Carlton）和其他音樂先驅。他們締造紀錄、舉行國際巡迴演出、贏得葛萊美獎，以及實現音樂表演者所夢想的一切，而我們也實現了自己的夢想。接著，在沒有任何警訊的情況下，音樂產業崩潰了。

科技的威力嚴重破壞了我們的世界，也對我們造成重大影響。

我們知道自己必須改變才能茁壯成長，因此我們一開始先試驗性地將自己的人才管理專業知識應用到科技界。成果相當驚人，有時令人難以置信，而且始終都具有教育意義。頭五年，我們管理的人才有的任職 Google、蘋果（Apple）、臉書，有的畢業於常春藤盟校並擁有多個進階學位，另外還有科技公司最高層級的資深人士。

必須說，我們完全沒有程式設計的經驗，更沒有相關背景。事實上，你可能不會相信兩個對科技不太在行的闖入者。我們是都市小孩，可謂一九七〇年代喧囂瘋狂的紐約市副產品。我們第一次相遇是在曼哈頓的猶太教私立學校，就像我們世代的許多年輕男孩，我們對音樂充滿熱情，熱愛讀遍黑膠唱片封套上的所有說明文字，知道每一個參與製作的人，了解故事背後的故事。上完八年級後，雖然各自走各自的路——瑞雄往西，麥可往東——但中學時期，我們的友誼依然堅固。我們在彼此身上看到共通點，都樂於追求遠大的夢想。

初期，我們都有機會從不同角度觀察娛樂事業。瑞雄有位親密的世交名叫戴夫・哈恩（Dave Hahn），當時管理龐克團體「壞腦」（Bad Brains，一九七七年成立的美國搖滾樂團）的演藝事業。麥可和克莉絲汀・卡爾交往，她的母親芭芭拉（Barbara）是布魯斯・史普林斯汀（Bruce Springsteen，美國搖滾歌手、有「藍領搖滾教父」之稱）的共同經紀人，而她的繼父戴夫・馬許（Dave Marsh）是知名搖滾樂評家、歷史學家，現在是電台主持人。我們不知道自己到底想做什麼，但有件事可以確定：我們都極度渴望創造某個東西，密切參與其中的發展，並且實現它。

念高中時，從大家熟悉的檸檬水攤位、幫人偽造假身分、推銷桶裝啤酒派對，不管合不合法，每一件事我們都竭盡所能。我們策劃、設計，也學會不太正當的伎倆：找人在市區租閣樓，接著與啤酒批發商達成交易，在所有私立學校推銷派對，不管來了多少人，索取五美元、十美元入場費。有幾個我們早期的死黨現在已是成功的俱樂部和餐廳老闆。

隨著每次的成功或失敗，以及每次為新冒險的努力，我們的渴望就變得更強烈。我們創辦了T恤事業，印製並配發到紐約大學各個宿舍。後來電影《金錢本色》（*The Color of Money*）上映，我們想：何不開一家自己的撞球館？我們籌資了四十萬美元，探訪十幾個地點，甚至考慮位在安索尼亞大樓（Ansonia，位於紐約百老匯大道）地下室聲名狼藉、但已停業的性愛俱樂部柏拉圖莊園（Plato's Retreat）。雖然最後撞球館沒開成，但我們並未因此裹足不前，也可以算是禍中之福。瑞雄離開紐約前往華頓商學院（Wharton School of UPenn）深造，主持該校音樂會委員會三年；麥可則到康乃狄克大學（University of Connecticut）及巴魯克學院（Baruch College），期間成為美國市場行銷協會（American Marketing Association）的主席。但對我們兩人來說，學歷只是輔助計畫，我們真正想去的是充滿機會且令人激奮的地方。

麥可觀察史普林斯汀經紀團隊及與他們合作的經驗，徹底讓我們認識並思考人才管理的力量。當我們出現時，史普林斯汀與經紀人已建立了近二十年的穩固關係。這個團隊就像是一台運作順暢且有效率的機器，牽涉其中的人不僅有史普林斯汀、音樂家和經紀人，也包括工作人員及其他所有人，而我們從未在任何地方看過像他們那樣的生活方式。我們說的不只是金錢、權力、特權和各種舒適的設備，更重要的還有彼此深切尊重和感激的家庭觀（family sense）。這些人極為善於表達、不畏挑戰，更懂得互相幫助。史普林斯汀和他的團隊代表的不是「我們對抗世界」（Us Against the World），而是「我們偕同世界」（Us With the World）。

當時不知道的是，在十倍力這個全新的領域，我們才開始真正教育自己。你甚至可以說史普林斯汀是我們近距離接觸的第一位十倍力者。當我們勇於跨足科技領域時，我們所學到的經驗原來如此寶貴。

最終贏家

在本書，我們將同時談到娛樂圈、科技界、大型企業、新創公司、非營利組織、政府及金融界，以便揭露趨勢如何擴展到各個產業和專業。我們將提出歷久不衰的技能和觀點，讓任何接觸人才經濟的人都可以應用。另外，我們將提供現實生活中一些遊戲規則改變者的直接證言，這些改變者有新創專家、娛樂圈的頂尖人物、區塊鏈（blockchain）行家、矽谷吹噓者，以及其他我們從科技人才經紀人的獨特觀點所接觸到的人。

我們的發現可能會令你吃驚，以下提供的只是各章節的重點摘文：

- 隨著數位化吞噬愈來愈多涉及可預測性、重複的工作，新職場完全不是一個「地方」，而是一種為所有參與方提供高度彈性（flexibility）的工作流狀態（state of workflow），包括第三方回饋開放性（openness to third party feedback）、集體努力（group efforts）、更大的水平性（horizontality），給十倍力者更大的自由，以及對不同世代保持開放的態度。
- 經過徹底改造的新工作環境，科技十倍力者控制了所有公司、政府和每一類型事業的心臟和靈魂。不要低估他們的影響力！
- 可管理性（manageability）是尋求及內化強而有力的外部指導的能力，建立在對成長和改進永不滿足的渴望上。當可管理性提升時，優秀的人才就能成為十倍力者。
- 「成功衝動」（Success Impulses）是一種做出積極選擇的內在意向，引導自己朝著目標前進；而「破壞衝動」（Sabotage Impulses）則是一種基於否定的循環（denial-based cycle），會在不經意間破壞他端的成功機會。十倍力管理者了解所有人才都位在「成功衝動」和「破壞衝動」之間逐漸演變的連續體上，並知道如何辨識意向及採取相應的行動。
- 十倍力管理者必須具備兩種超級洞察力（Super Vision）：一是內在洞察力（Inner Vision），能夠察覺及揭露人才的盲點，並且制定克服盲點的策略；另一是未來洞察力（Future Vision），能夠幫助人才預見問題和預測結果。

- 團隊的每一位主要成員不僅必須擁有十倍力及意識到自己是人才，更要透過主動訓練，學習如何使自己成為強健的人才管理者。
- 職場正走向一個「身兼兩職的世界」（Double Hat World）；在這個世界，人才和管理角色應視環境和情況調換。舉個簡單的例子，想像一間人力精簡的新創公司，技術長前一刻在編寫程式代碼，下一刻轉而要管理團隊。正是這種彈性形塑了新的職場。
- 在反覆無常的新工作領域，讓自己善於身兼兩職是邁向成功最牢靠的投資。
- 最重要的是，人才／管理的核心必須有高情商、同理心，以及始終都有能力應付人才的生活及個性的各個層面。這些能力永遠都重要，如今更是不可或缺。

本書主要分為兩個單元。在〈單元一〉，我們從管理者的角度切入，探討所有能夠吸引、開發及留住十倍力人才的方法，同時讓公司本身更具十倍力。在〈單元二〉，我們要從人才的觀點理解事物，並且說明管理者與人才的關係如何緊密連結。

最重要的是，過程中的每一階段都有十倍力者的真實故事和觀點。無論你是中高階主管、執行長、企業家，或是在各種領域的現代化辦公室工作的隱性讀者，本書能提供一個觀看事物的新方式及追求成功的實用策略。我們不僅為科技新領域的讀者，也為任何對未來工作和成功特質感興趣的人設計了新觀點。我們為尋求改善途徑的人，和目前在海內外涉足STEM（即科學「science」、技術「technology」、工程「engineering」

和數學「mathematics」）領域的人提供有用的建議。在更大範圍上，我們的觀點能為全球各大公司、非營利組織和政府單位提供準則和說明，了解雇用和留住十倍力者須要採取什麼策略。在個人方面，我們的目的是讓有抱負的人才認識到更多要掌握的細微差別，幫助他們在日益陌生的工作環境中茁壯成長。

無論你怎麼看，遊戲規則已經改變了。如果你希望成為有競爭力的實體或個人，請繼續往下讀吧。

1

成為十倍力公司
吸引十倍力人才

Chapter

1

何謂十倍力者？

我們塑造工具，而工具也隨之形塑了我們。

——哲學家、教育家、現代傳播理論奠基者，馬歇爾・麥克魯漢（Marshall McLuhan）

前面談過你會多麼需要十倍力者，現在換我們告訴你，他們的需要。

在這之前，了解涉及範疇很重要。十倍力科技人才與其代表的新世代為當代職場帶來徹底的轉變和廣泛的影響，他們著實改變了遊戲規則。我們不僅僅在談論單純的審美潮流或工作流程的橫向變化，從任何意義上來看，這都是一場革命。不論你是誰，扮演什麼角色，巨大的變革都使你無法置身事外。

一九六〇年代是美國最動盪的時期之一，空氣中瀰漫著一股騷動，十倍力革命起源於這個年代的終結並非偶然。一九六九年，史丹佛國際研究院（Stanford Research Institute）成為阿帕網（Advanced Research Projects Agency Network，ARPANET，美國國防部開發的封包交換網路）四個節點（node）的其中一個，這個由政府研究計畫開發的網路之後發展成我們現今所熟知的網際網路（internet）。就在隔年，全錄（Xerox）在帕羅奧圖（Palo Alto）設立了實驗室，繼續研發乙太網路訊息處理技術和圖形使用者介面。一年後，新聞記者唐・霍夫勒（Don Hoefler）以「美國矽谷」（*Silicon Valley, USA*）為題，發表了一篇有關半導體產業的連載報導，並於文中提及新思維的誕生。❶

霍夫勒文章出刊後的十年可以視為一個年代，當時大部分嬰兒潮時期出生的人和六〇後的孩童初次體驗成人生活。「矽谷」（Silicon Valley）在那時候被命名，雅達利（Atari）、蘋果、甲骨文（Oracle）等公司朝著年輕化的方向發展，培育反文化典範的獨特團隊，驅策尖端科技的研究，敢於挑戰技術的發明；說也奇怪，還有追求玩樂的精神（spirit of fun），這是一個沒有人會預料到的結合。事後看來，灣區（the Bay Area）因擁有悠久的波西米亞傳統和豐富的學術文化而成為人才培養皿，不難理解為什麼那裡對舊工作模式不單能夠加以改進，甚至可以反抗、忽視、廢除及打破。整體來說，矽谷的開拓者既不是以獲取利潤為主要目標的商業鉅子，也不是利慾薰心、等著看到自己的名字被刻印在獨立巨型石柱上的創建者。就一般認知而言，他們更不是文化界一呼百應的大人物。這些人都是電腦怪咖，而怪咖喜歡做他們在做且愛做的事。這個關鍵特質為互相聯結、樂於合作、遊戲狂熱、數據驅動、風險愛好、包容失敗和思維敏捷的新文化提供了核心。當還沒有人注意時，新類型的人才已應運而生。現在十倍力者長大成熟了，也準備好改變一切。

遠離港務局（Port Authority）、沒有華爾街（Wall Street）及商務部（Department of Commerce）傳統壓力，新數位發祥地和俗稱「家庭辦公室」（home office）的新創文化在公眾視野外以雙倍速度成長，除了思科（Cisco）、eBay、PayPal、谷歌、特斯拉（Tesla）、臉書和優步（Uber）之外，還有許多公司相繼成立。重要的是，這不僅僅是技術的復興，同時也是工作方式的巨變和總體態度的重置。沒有堅決漠視老派的官僚作風，和過去維持企業正常營運的規範，就不可能加速發明和創造的腳步。將世界數位化的同時，矽谷具有卓識遠見的創業者也推行預測中斷、實證數據測試、效率調整，以及最重要的互聯文化（culture of interconnectedness），這些先進發展已迅速滲透到更寬闊的市場。

有一點必須承認，從假新聞、隱私問題到螢幕成癮，科技公司現正遭受各種打擊。[2]但對於如何「聰明工作」，這些公司的進步卻不容置疑。

起初，這些在當時全新的未知領域採用的新工作模式看似荒謬且不合邏輯，而今透過自己的一套標準和常規，矽谷的做事方式已然成為一種真正的文化。如同 Workday 的策略首席資訊長史蒂文・約翰（Steven John）最近提到的，「矽谷就像塔斯馬尼亞（Tasmania，位於澳洲東南方的島州）或馬達加斯加（Madagascar，東非的島國），孕育了與眾不同的生命形式。」[3]

改變既深遠且廣泛，致力探究所謂「市場形塑人工智慧及自我優化系統」的跨國諮詢公司埃森哲（Accenture）最近進行一項研究，頂尖研究員深入調查真正促使矽谷自強不息的原因。[4]他們發現矽谷的企業文化具有五個特色，使得他們與其他高科技雲集的地方截然不同。（一）、由於強調迅速做完事情，不與細枝末節苦鬥，矽谷雖然「代表著悠閒的加州，卻也隨時做好準備採取行動」。（二）、因為極度忠於團隊和雇主，矽谷人「忠誠且獨立」。（三）、根深柢固的獨立和相互依賴感創造了同時兼具競爭及合作的氛圍，就像「人人為我，且我為人人」（all for one and one for all），但也給彼此「獨自空間」（give me my space）。這是殘酷的華爾街或利他的非營利組織，像是來自遙遠世界的人可能難以理解的獨特平衡。（四）、矽谷員工通常既務實又樂觀。以及，（五）、儘管他們受外部因素激勵，但本質上高度重視個人志向得以實現。換句話說，他們將智識啟發、創新和解決問題視為自己最大的……樂趣！

仔細思考這樣奇怪的結合時，一項關鍵的統計資料吸引了我們的注意：「矽谷四一．六％的工程師促成了任何人皆可免費使用的開放原始碼（open source code）。」開放原始語言、框架及函式庫就是軟體工程師分享自己成果的方法，以便讓任何擁有電腦存取權限的人都能反覆使用元件，而且絕對免費。這個想法的核心，友善和效率高過金錢。這些專家寧願獻出自己的成果來為彼此節省時間，也不願花時間只為賺取報酬。想想看，若是任何其他產業的人都願意分享到這種程度，即使就電腦程式設計師而言，這個數值也超過全國百分比的兩倍。矽谷彷彿創造了一種向前移動（forward-motion）的合作常規，這好比一支足球隊同心協力開始認真踢球，只不過大家從未正式將自己定義為一個團隊。

如同前面說過，他們這麼做是因為他們喜歡做這樣的事，這是了解十倍力者最重要的一點。

蔓延全國的革命

今天，我們正遭遇由最早的科技創業家引起的不安狀況。沒有人預料會這麼快，新的工作方式已然蔓延至全美企業，伴隨而來的是大大小小的調整，從免費午餐和點心津貼到福利設施、健身房、教練、乒乓球桌、打盹艙、平等、360度回饋、員工旅遊、每個人都能貢獻意見、團隊建立活動、冥想室、精實創業、「動作不快即死」（move faster or die）、一週工作四小時、人才併購、創新的兩難、快速失敗（failing fast）、疊代／改版（iterating）、策略轉向（pivoting）、使命驅動、數據驅動，還有其他更多。也就是說，舊式的工作文化徹底玩完了。

二〇一九年五月三十一日刊載於《富比世》（*Forbes*）雜誌一則標題為〈為什麼全美企業最終擁抱矽谷〉（*Why Corporate America Finally Embraced Silicon Valley*）❺的報導中，妮詩·阿查理亞（Nishi Acharya）寫道：「體認到新創公司、大學研究人員及眾包解決方案能比企業內部專家更快速、更便宜地解決無可避免的問題……，使得愈來愈多企業採用開放式創新原則，」與矽谷過去獨有的原則完全相同。甚至像通用汽車（GM）這樣的龐大企業，也意識到新技術的施行不能單靠與外部新創公司的合作來實現，他們還必須為自己內部的主要員工展開「新矽谷式」的技能訓練。這就像是大衛教歌利亞（Goliath，聖經故事裡的巨人，被大衛用石頭殺死）如何使用彈弓。

從外部看，矽谷職場某些發明可能看起來像是迷惑人的柔軟表象，精緻的布置讓成日待在辦公室的感覺好像不那麼令人難受。但事實上，那些發明大多數是硬數據的副產品。在辦公空間放置打盹艙並非為了搶占新聞頭條，而是聰明的管理者在了解「休息與生產力有相互關聯」的廣泛研究後推行的一項措施。科學及其應用者正驅使遊戲規則改變。

大公司已然注意到矽谷的創新作風，有些方法甚至可說是剽竊而來：

一、內部風險部門，依照創投（VC，或稱風險投資）形式編制人員和進行模擬。
二、負責未來改革的實驗室或創新部門。
三、人才併購（acqui-hiring或acq-hiring），收購公司改聘雇其員工，而非為了產品或服務。
四、與新創公司合作進行創新研發。
五、與孵化器（incubators，或稱育成中心）和加速器（accelerators）合夥，以便照著他們做。

在《富比世》的同一則報導中，聲名狼藉的前蘋果執行長約翰．史考利（John Sculley）強調了兩項自認為是矽谷文化的基本特點：重視工程工具，也就是被設計來改善生活的物件，以及小型團隊取得「快速且突破性成果」的重要性。毫無疑問，他談到的團隊除了有十倍力者，還有他們勤勉工作的方式與我們很多人認知的背道而馳。過去認真員工的形象，例如正常出勤、工作時間長、屈從根深柢固的官僚體制，正被徹底推翻中。

但真正的目的是推翻體制嗎？不對，十倍力者只是專注在他們最擅長的事。

聰明之流

了解十倍力者的第一件事是，他們不是一般的日常員工。

從定義上來看，十倍力者是那些少數擁有超凡技能、異常積極和寬廣視野的人，他們也能以十分謙卑的態度在好的建議出現時隨之轉向。如果好的建議沒有出現，十倍力者會主動徵求，並且知道哪裡及如何尋得能給他們最大幫助的回饋。極度好奇和滿腔熱忱始終是他們力促戲規則改變的部分特質。十倍力者往往比辦公室裡的其他人更努力、更聰明地工作，他們認為「沒有效率」是一個讓人很想解決掉的電腦錯誤。他們看見充滿機會的世界，然而當事情沒有照著自己的方式進行，他們會選擇離開，前往下一個有空缺的地方。他們本性通情達理，而且願意為結果承擔自己該負的責任。從本質上來說，十倍力者原本就有從很好變到優秀、到卓越，再到超群和超越的特質。

不過，他們可能不是以我們認為的方式工作。

亞倫・西爾旺（Aaron Sylvan）是技術長層級的十倍力者，監管許多新創公司的設立，而且募集了數百萬美元的資金，他表示：「真正的工作不會像做家庭作業那樣，老闆不可能一直控制難度。」適切管理十倍力人才的關鍵，是按照他們的要求創造一個能讓他們聰明工作的空間。真正的十倍力者能解決你的問題，你的工作是讓他們明白問題，確保他們有空間、時間和資源可用，然後大功告成。

作家、也是喬治城大學（Georgetown University）資訊工程系副教授卡爾・紐波特（Cal Newport）最早提出「深度工作」（deep work）這個專有名詞，意思就是「在免於分心的專注狀態下進行職業活動，這種專注可以將認知能力推向極限」。換句話說，這種工作只有十倍力者可以應付。[6]

紐波特擁有麻省理工學院博士學位、已出版五本書、也發表過一堆學術論文和部落格文章，對生產力可說相當熟悉。（鄭重聲明，他已婚、有兩個小孩，而且週末幾乎從不工作。）紐波特將「深度工作」定義為能「創造新價值、提升技能且難以複製」的活動。

除此之外還有一個令人畏怯的對應名詞，紐波特稱之為「淺度工作」（shallow work），亦即無須高度認知的活動。我們認為，這個看似簡單的發現，為那些對十倍力者心生質疑的人上了一堂最嚴厲的課。就整體而論，紐波特教授指出了淺度工作活動「不傾向在世界上創造新的價值，而且容易被取代」。換言之，如果無法深入工作，即使是相對聰明的人，也不能發會所長。

對了解情況的人來說，十倍力科技人才往往是夜間活動的生物，通常在凌晨時段能把工作做得最好，也就是「深度工作」的狀態。這也是為什麼彈性工作時間和工作地點對十倍力者來說如此重要。

紐波特闡釋的工作反映了心理學家所說的「心流狀態」（the flow state），這個術語最早由米哈里．契克森米哈伊（Mihály Csíkszentmihályi）於一九七五年提出，描述參與者完全沉浸於解決問題時所表現的心理狀態。契克森米哈伊和中村珍妮（Jeanne Nakamura）一同定義了構成強大心流（mind flow）的特徵：極度集中心力且專注於當下、行為和知覺融合、喪失自我意識、個人控制感、對時間的主觀體驗產生扭曲，最後也最重要一點的是，感覺從事的活動富有意義。

美國有線電視新聞網商業頻道（*CNN Business*）上一篇標題為〈這些雇主不在乎你在哪裡或何時工作〉（*These employers don't care where or when you work*）❼的文章中，作者凱瑟琳．瓦塞爾（Kathryn Vasel）探討了一種新的企業運作方式：ROWE，全名為「只問結果的工作環境」（results-only work environment）。ROWE「賦予員工完全的自主權，不過想要成功，員工須有清楚且詳細的目標和指標」。換句話說，可以在任何地方、任何時間工作，只要把工作做好。ROWE其實是我們一直以來在十倍力管理公司實行的基本日常政策，只是過去不知道有這樣的名稱。如同瓦塞爾說的，把遊戲規則改變歸因於ROWE，可能會是整個公司的大挑戰，這意味著捨棄根深柢固的觀念，不再認為永遠待在辦公桌前的人才是最好的員工。

傑森．魯班斯坦（Jason Rubenstein）是 Table.Co 現任技術長和 Python／DevOps 專家，既是人才也是管理者。魯班斯坦理解遊戲規則改變伴隨了對自由的要求，他還表示自己見到一個人時，能知道對方是不是十倍力者。「他們有坐下並完成工作的個人紀律，這對他們來說是一種樂趣。另外，他們對職業操守始終有一套主觀的標準，而且與他們的技術能力相稱。不論在技術或為人處世上，我知道自己可以信任他們。」

魯班斯坦曾在谷歌擔任工程師。十歲時，利用就讀小學單獨放置的IBM終端機，透過自學方式開始撰寫程式。他親身經歷了舊世界與新世界之間的分裂。「在舊文化，每個人都想跟你當面開會。每次你嘗試提出涉及使用遠距人才的新做法時，得到的回應總是『我們不做那些事，我們雇用一般的人。』即便現在，如果我在大公司服務，我的工作會有很大一部分在解釋最優秀的十倍力者如何工作及達成期望。這些大公司有的仍困在舊世界的框架裡，我說的是一九五〇、六〇、七〇年代的模式，你會發現一個完全被嚇壞的執行長仍然微觀管理（Micromanagement）每個人隨意說的話。」

在十倍力管理公司的第一線，我們每天都要經歷這些新、舊世界引起的緊張狀況。

比起想要分享的，我們有更多關於頂尖人才被真正最需要他們的公司婉拒的故事，全都因為這些公司緊抓著扭曲的信念：如果沒有看到員工在辦公室執行及完成工作，他們會感覺好像員工從來沒做過。

如同魯班斯坦指出的，「他們希望座位上有人，或至少看得到員工本人。他們真正希望的是擁有賺錢的工具和實際價值。怎麼定義價值？教育他們便是我們的責任。」

教育過程不容易，甚至會帶來反效果。我們最近與美國一家大銀行的知名經理會談，他告訴我們董事會已撤銷一項過去允許最優秀的頂尖程式設計師異地（遠距）工作的政策。「他們將開始統計員工在辦公室的工作時間，並對那些不在的人進行懲處。」他要求匿名才肯告訴我們。我們敢打賭這家銀行努力監督的成果無法維持很久。比起十倍力者需要他們，他們更需要十倍力者。此外，對待自己的員工如同機器的齒輪，而且缺少員工的任何回饋，他們的管理方法和新制訂的政策，與我們描述改變遊戲規則的革命背道而馳。

魯班斯坦親口說，團隊成員共處一室給他的感覺好壞參半，「從一方面來說，就像創作音樂，彼此見到面時，難免會發生一些狀況。但有重要的人才在北卡羅萊納州（North Carolina）或聖地牙哥（San Diego）時，遠距這件事其實也能為團隊帶來很大的好處，尤其如果在機器學習（machine learning）、人工智能、區塊鏈、電腦視覺（computer vision）等專業知識罕見的領域，遠距工作才是市場的主流。」

就事情的另一面來看，我們在管理科技人才這幾年累積了不勝枚舉的故事，能說明沒有因為奇怪要求而不考慮人才的公司，可以獲得巨大利益。

舉個實例，我們代理了一位出色的十倍力者，他叫萊恩（Ryan），他希望無論何時，只要自己想要，隨時都可以進辦公室或異地（遠距）辦公，時間也由他決定。一家首屈一指的網路安全新創公司企圖延攬萊恩，公司執行長亞瑟（Arthur）對萊恩的要求表示尊重，並且相信在這些條件下有萊恩「總比沒有好」。亞瑟知道讓萊恩充分發揮腦力比要求他打卡重要多了。

順利雇用萊恩幾個月後，這家公司遇到與萊恩工作內容無關的數據科學問題。儘管如此，我們的十倍力者萊恩一聽到傳聞，便興奮不已地想要挑戰過去從未有人能解決、且大得令人厭惡的問題。他獲准進行改善，他的解決方案最終成為遊戲規則的改變者。結果呢？這家網路安全新創公司在下一次借貸時，銀行給予了完全不同的評價。就因為提供彈性且接受萊恩的要求，亞瑟獲取的利益比他付出的大更多。

關於十倍彈性的力量，我們還有一個很有啟發的故事，想跟嘗試了解十倍力概念的職場新人分享。回到二〇一七年，格雷・薩德茲基（Greg Sadetsky）是一名三十五歲的接案軟體工程師，也是我們長期代理的十倍力客戶。颶風哈維（Hurricane Harvey）侵襲墨西哥灣（Gulf of Mexico）時，他剛好造訪紐約並窩在當地一家網咖。當世界各地的網路社群相繼為受災者提供協助時，薩德茲基也專心在動腦設計，繪製能幫助救援志工統整資訊的製圖工具（mapping tools）。他只是一名關心風災的美國公民，並未受雇於任何正式的救援、氣候或環境協會，或與他們有絲毫關連。當時，時間一分一秒過去，生命也正在流逝。

如同丹尼爾．特迪曼（Daniel Terdiman）在《快速企業》（*Fast Company*）雜誌上的描述，美國海岸防衛隊（US Coast Guard）隊員內森（Nathan）發現薩德茲基的地圖，並與他取得聯繫。內森建議增建幾項新功能，以便協助派遣直升機組員。「在哈維威力最強勁的五天，」特迪曼寫道，「海岸防衛隊利用薩德茲基的製圖工具執行超過七百次任務，營救了超過一千七百個人，以及運送緊急醫療資源到需要的地方。」[8]在後來其他不幸的災難中，海岸防衛隊仍繼續使用這項軟體。

十倍力者正在做二十一世紀最重要的一些工作，因為那是他們喜歡做的。但如果將二十世紀的管理模式套用在他們身上，他們不可能做得好。

持續不斷成長

今天真正的十倍力者會依自己的需求開條件，而且不擔心不被接受。但十倍力者究竟如何變得有十倍力？我們將在〈第二篇〉更深入探討這個主題，不過在這之前，我們要強調的是，接受「固定人才」（fixed talent）這種舊模式已然過時。根據十倍力者的特點，他們不單只是可以「把事情做得很好」的人。在動盪不安的時代，光有專家是不夠

十倍力公司的特點

0倍力公司	不允許遠距工作，也不給予能在下班工作的人彈性上班時間。
5倍力公司	意識到工作環境愈好，生產力愈高，但仍堅持開很多會議及採用令人分心的微觀管理。
10倍力公司	涉及生產力時，了解心流狀態和深度工作勝過其他所有要考慮的因素；只要求人才參與必要的會議，其他方面則讓他們做自己的事。

的。科技問題本質上往往是跨學科的，如果你只會做一件事，當你的技能施展到極限時，你的價值就結束了。真正的十倍力者沒有極限，他們努力不懈，而且會持續不斷學習。

最近的研究顯示，科技進步的速度愈來愈快，我們幾乎無法預測「未來工作所需的技能」。《富比世》雜誌撰稿人阿迪·蓋斯克爾（Adi Gaskell）更斷言：「學校畢業→就業→退休的模式漸漸不復存在，未來將會見到工作與學習合而為一。」[9]所謂的「第四次工業革命」，也就是傳統大學四年制的教育制度不再是唯一的用人標準，取而代之的是「知識遞送系統」（knowledge delivery systems），使有上進心者能夠年復一年、月復一月，甚至週復一週地處於最進步的領先地位。意即，我們可以不斷學習。

一位希望匿名的十倍力者與我們交談時這麼說：「過度安於現狀、不再接受挑戰，現在可能被視為是一種倒退。」

另一位十倍力者則表示：「我最喜歡的挑戰是做那種在時間上、概念上，尤其在技術上看起來不可能實現的事。」

山姆．布萊瑟頓（Sam Brotherton）是受過哈佛教育的十倍力者。從祕密分享社交網站「悄悄話」（Whisper）、谷歌到流行音樂藝人will.i.am，他曾為不同領域的客戶處理複雜的程式設計。撰寫本書期間，山姆為了帶領自己的顧問團隊刻意避開全職工作，而且他認為持續教育的做法是十倍力思維方式不可缺少的一部分。「老實說，這是我喜愛獨立的其中一個原因，」他解釋，「科技的發展確實非常快速，如果你不持續讓自己成長，你將會被淘汰。我是一個十分重視自己是否處於領先位置的人。我目前專注於機器學習和人工智能，為了與時代一同前進，你真的必須不斷閱覽科技部落格並嘗試新的事物。在一家公司做全職工作可能會是問題，但如果你每六個月重新開始一個新的專案，這樣其實比較符合當前潮流，更能與時俱進。」

值得一提的是，山姆幾乎都在鹽湖城（Salt Lake City）的家裡遠距工作（及自行教育）。在他近期的十個客戶中，有兩個總部在洛杉磯，兩個在舊金山，兩個在紐約，一個在瑞典及一個在芝加哥，至今只有一個在鹽湖城當地。「他們經由口耳相傳找到我，完全沒有提到猶他州（Utah），後來發現我們都在同一個城市，於是決定見個面把案子結束，就那麼一次，其他所有工作都是由遠距處理完成。」

猜猜看接下來精通哪些技能將會最有價值？只能猜了。預言家抱持一致的看法的是：以驚人速度學習、改變和成長的能力及欲望，將是十倍力者未來收穫的關鍵。在現今激烈、動盪的市場中，不斷自我評估和持續成長是求生的基本工具。比起其他人，真正的遊戲規則改變者更懂得如何改變自己。

不過矛盾的是，儘管十倍力者的薪酬相當可觀，可能受雇於《財星》（*Fortune*）全球五百強企業，常被拿來跟知名藝人和媒體評選的最佳運動員比較，但探討這個新景象，最先要理解的是，對單打獨鬥、特立獨行，也就是美國夢的古老基石普遍卻錯誤的認知（強調透過自身努力、勇氣、決心及其他個人能力邁向成功和富裕，而非倚賴特定社會階級或他人援助）。科技業非常重視團隊合作和互相聯結，因此幾乎無法容忍自負的人（prima donnas），這種人有時也被稱為妄自尊大的開發者（Diva Developers）。

魯班斯坦本身是頂尖程式設計師，同時也是頂尖程式設計師的管理者，他說：「擁有高效率的團隊是新創企業成功的唯一要件。如果團隊中有些成員不是那麼積極，你很難知道他們在做什麼，因為從本質上來說，工作不會有很多的溝通，對不對？他們必須特別成熟且愛社交，才能展現高效率。」

我們在〈第九章〉會談到更多兼具人才與管理者雙重身分的例子，以及同時扮演好兩個角色帶來的巨大利益。就魯班斯坦而言，必須身兼兩職讓他對管理十倍力者的技巧有獨到之見。「我向團隊表示自己很樂意跟他們學習，因為我們正一起踏上旅程，而我一直都與他們站在同一邊。我是個高傲的小孩，本身就不容易被管理，因此經歷了許多成功和失敗後才有專業上的成熟度。我現在明白一名優秀的管理者會問你問題，了解你是誰，你有什麼壓力？是什麼讓你徹夜未眠？有些人需要公眾稱讚，有些則無法忍受。站在他們的立場和角度思考，是管理團隊的唯一方式。」

成就英雄神話需要一支精確協調的整合性團隊，彼此擁有為成功奮戰不懈的共同目標與信念，儘管在二十一世紀也不例外。當然，傑夫．貝佐斯（Jeff Bezos）、馬克．祖克柏（Mark Zuckerberg）和史蒂夫．賈伯斯（Steve Jobs）都有獨特的遠見，但沒有朝著凝聚團隊執行力的方向、激勵和有效管理周邊的人，他們不可能有這麼高的成就。貝佐斯以他所謂的「兩個披薩團隊」（Two Pizza Team）[10]來創建自己的公司，他說的是兩份披薩可以餵飽的小團隊（諷刺的是，他的公司現在大概會需要十五萬個披薩才能吃得飽）。賈伯斯將英國搖滾樂團披頭四（Beatles）視為自己的商業模範，他有一句名言：「他們是四個互相監督制衡彼此負面性格的人……樂團的整體成就比個別加總起來的還大。」[11]

對魯班斯坦來說，也是我們在談論的整合和互聯，「團隊合作是一個實際的指示，對不對？指的不是五十對小組，而是一整個概念，但這個概念究竟是指什麼呢？這麼說吧，指的是溝通、每日站立會議（daily stand up），簡單說就是對話（conversation）。程式設計學系不一定會教你了解軟實力（soft skills）。」

十倍力者憑直覺理解團隊的重要性。換個方式說，如果你無法與自己的團隊一起成長，你就不是十倍力者。再通俗一點說，對於想要成功的企業，除了一套相同的整體價值觀和邁向成功的共同願景，「整個團隊的行動和思維必須一致」。「目標和關鍵成果」（Objectives and Key Results，簡稱ＯＫＲ）⑫是朝著這個方向努力的一個重要規則，能使團隊管理和期望設定減少浮誇，但更科學。英特爾（Intel）的安迪．葛洛夫（Andy Grove）於一九七〇年代最早採用ＯＫＲ，不過這套制度現已成為許多業界佼佼者主要的管理工具，並受到谷歌、領英（LinkedIn）、英特爾、Zynga、西爾斯百貨（Sears）、甲骨文、推特（Twitter）及其他許多企業應用和推廣。ＯＫＲ非常簡單：設定三到五個高級別的「目標」，目標應當要有野心、質性（質量和品質）、時間限制，並且是被指派的個人或團隊能夠完成的。每個目標下要有三到五個可衡量的「關鍵成果」，每個關鍵成果必須可以量化、實現且依循目標漸進，有困難度但並非無法達成。ＯＫＲ可以根據成長、績效或投入設定成果。

ＯＫＲ在職場日益受到重視，這個情況為我們上了一堂課，不只說明可以且必須對目標和成果進行衡量，同時點出當責（accountability）是現今團隊共同努力的目標。思索一下美劇《廣告狂人》（*Mad Men*）或艾茵．蘭德（Ayn Rand）的《源泉》（*The Fountainhead*），團隊現在擁有發明和破壞、奮鬥和抱負、挫折和突破，與舊模式的野心和成功形成了鮮明對比。事實上在團隊裡，成功指的是「新型態」的成功。

對某些人來說，這是一堂困難的課。以布雷迪（Brady）為例，四十幾歲，保證是個天才。從遊戲到行動配備、前端到後端，布雷迪擁有迷人的深度工作技能。他是我們相當早期的客戶，是我們開始代理科技人才時的第一批人才之一。因為他的許多長處、經驗及認真，我們確定他會成為前面談到那幾類公司的驚人資源。我們可以想像很多能讓他發光發熱的工作和職位。

可惜，我們幫他安排了一些公司，不過幾次的表現讓我們明白，布雷迪與這些公司的應對能力相當薄弱。他一個人工作時很優秀，但無法和其他人配合得很好。他的情商比不上他的智商。向他表明這些問題幾次後，我們不得不放棄。這是必須學習快速失敗的時機，我們不能與五倍力者一起承擔更多的風險。

布雷迪是個奇特版的妄自尊大開發者。受歡迎的部落格專家和軟體創造者尼爾・格林（Neil Green）指出，這樣的人會將任何試圖施加在他們身上的管理視為侮辱。依據格林的說法，「一般的妄自尊大型性格，普遍能在為公司早期發跡投入很大心力的老開發者身上看到。多年後的現在，由於他們與公司創建者的長久關係，他們相信自己沒有什麼可以讓僅僅只是中階主管指責批評的地方。」

妄自尊大的開發者是十倍力者的死敵；當然，每個人都知道這類型的人會因思路較不清晰、鬥志不高昂而使整個專案受到影響。沒有順應性意味沒有溝通，也意味著沒有十倍成果。

反過來，我們談談年紀較輕的人才凱蒂（Katie），她不僅態度好，而且擁有一套頗具彈性的技巧。當問題出現時，我們立即安排凱蒂上班。她吸收了我們的指導，並迅速改變自己的工作方式做為回饋。凱蒂持續在各種顧問服務公司茁壯成長，隨時向我們請教，確保小問題不會變大。除了極具天賦，凱蒂也能與團隊和諧共事。她的情商和想更了解自己盲點的欲望，對提高自己卓越的智商頗有助益。

在我們的總部，麥可個人已經開始實行一項年度慣例，請求所有在生活中與他有權益關係的人提供匿名回饋，而且並非只限於工作。這些人包括了家人、朋友、擔任顧問的公司、董事會的其他成員、直屬員工、服務和指導的客戶，自然也包括合夥人瑞雄、妻子珍妮，甚至他十幾歲的小孩瑞能和露西，他懇請他們務必坦率真誠。

當然，有些回饋無須盡信。接受者必須針對每個回饋評估提供的人是否動機單純，或者他們自己的傾向、或積極態度會不會造成回饋偏頗。

一個簡單的經驗之談：當某人給予遇到的每個人某一類型的回饋時，他們的話某種程度上可能要大打折扣。如果評論聽起來不符事實，強烈建議改為參考其他回饋。

並非所有的回饋都要平等看待。儘管如此，對真正的十倍力者或渴望成為這樣的人來說，一寸「回饋」一寸金。

網路世代

各式各樣的世代差異是新職場最具爭議的部分，而這種情況只會愈演愈烈。至少五〇%的職場人力很快就會由千禧世代和Z世代組成。顯然，聰明的管理者或創業家將學習與各個年齡層的人溝通，不過進入職場的最新世代將會面臨特定的挑戰。他們思考方式不同，而且需要不同的刺激和鼓勵。他們在客製化音樂清單和個人化醫療的環境中長大，與二十世紀的節奏相差三、四或五拍，他們過的始終都是數位化的生活，永遠都在互相聯結。他們活脫脫是高科技世界的副產品，而且很多十倍力者都是千禧世代。

致使情況更複雜的是，千禧世代的父母從小孩還是嬰兒時就灌輸他們要有獨特的才能。他們一直被告知可以實現自己下定決心要做的任何事。就他們而言，這或許聽起來不是令人難以置信的離譜說法，尤其當人類史上最強大的資訊裝置能被塞進後口袋時。

怪不得千禧世代希望照自己的意願接受管理。

關於這個奇特的世代，YouTube 上有很多滑稽影片，《週六夜現場》（*Saturday Night Live*）也有幽默短劇。他們很容易被當成嘲弄的對象，也很容易受到誤解。不過撇開所有玩笑，那些能搞定千禧世代及Z世代人才的人，最終將會獲得巨大利益。常被惡意中傷或誤稱為怪咖的千禧世代是價值驅動的一代，如果你能發現並善用他們樂於助人的熱情，那表示你已經準備就緒了。聽起來熟悉嗎？當然，因為在各種年齡層的十倍力者身上經常能看到這項特質。

安娜・李歐塔（Anna Liotta）是一位知名的演說家，她以世代心理學為題在世界各地發表演說。如同她說的，「如果不知道如何帶領另一個世代，你將會失去人才……因為

十倍力人才的特點

0倍力人才	拿到一個學位就以為自己完成了。
5倍力人才	可能從工作經驗中學到技能，但不會到外面接受在職教育。
10倍力人才	不僅是終身學習者，當外部沒有提供回饋時，他們會直接徵求，並且有膽量面對及改進自己的缺點。

他們很有主見。如果他們想創造的無法在你的組織實現，他們將會留意其他人提供的機會。他們內心想問的，用他們的語言來說是：『我想要改變世界——可以從這裡開始嗎？』」⓭

雖然和古怪的千禧世代有過很多衝突，但我們也對其中幾個成為傑出的十倍力者感到極為自豪。我們的同事茱莉．赫胥曼（Julie Hershma）是一個很棒的例子，她是紐約總部的人才經紀人，負責音樂家、科技天才、大型活動……。過去的五年中，茱莉不到二十七歲便從接待員做到資深管理者，是辦公室裡最可靠的人。她從大學畢業就到我們這裡工作，她個性文靜，靜得令人毛骨悚然。我們第一次帶她去喝酒，她開口說話了，當時瑞雄還轉頭對麥可說：「喔，原來這就是茱莉的聲音！」

「加入十倍力管理之前，我甚至不知怎麼在跳蚤市場討價還價，」茱莉回憶道，「最大的障礙是跟某些客戶打交道，特別是認為什麼都知道、自己永遠是對的，而且會拉高嗓門說話的年長者。過去，我有很多必須克服的地方。」

短短幾年，藉由管理方面的耐心指導，茱莉從困境中破繭而出，成為一名果敢的女強人。她一直很聰明，但能力始終沒有發

十倍力公司的特點

0倍力公司	不會為了了解世代差異做任何調整；期待數位化世界長大的年輕員工不知不覺陷入過時且令人厭惡的規定和職責中。
5倍力公司	承認世代差異並知道自己的文化必須屈從新勞動力，不過當基礎架構僵化、脆弱且為集團經營時，他們會掙扎於如何為員工提供個人化的環境。
10倍力公司	貫徹聰明目標，因為他們知道自己需要每個人的贊同；對每位員工進行季考核，同時清楚提供職涯發展路徑和軌跡；向整個團隊說明創業原因。

揮出來。我們對千禧世代了解得不多，但直覺告訴我們微觀管理這個世代的人是行不通的。因此，我們的做法跟通常的習慣不一樣，並且選擇盡可能避開她。我們透過傾聽進行指導。「瑞雄和麥可採取『開門政策』（open door policy，指在工作時間隨訪隨談、來者不拒，主要讓上下屬雙方溝通順暢），」茱莉說，「我覺得他們對我非常有信心，即使在我還只是學習階段。」

由於外部信任是一個限制因子（limiting factor），我們時不時會給予茱莉額外（但合法）的誇讚，將她晉升，並且在她還沒有機會要求前增加她的職責和薪酬津貼。我們甚至逼迫她在公開場合帶領一個團體，不容易但值得。我們很快就看到茱莉的價值，更重要的是，她自己也知道。她現在是管理其他人、軟體專案、各類型的經紀人，並且能與最優秀的人協商。事實上，自從開始寫這本書，茱莉便是我們的主要代理人，訓練新人和協助管理一切。「如今，我具備了協商、處理所有複雜客服問題、同時應付一堆電子郵件和緊急事務，以及速戰速決的能力。我不僅擴展自己的技能，同時更打開了自己的視野。」茱莉說。

唯有了解千禧世代的特殊觀點、感受和想法，我們才能幫助茱莉發揮她的長處。這並非一夕之間就能促成，不過一經我們激起她幫助及保護他人的欲望，她便晉升到經紀人的角色，並且變得像灰熊一樣監管她底下的新人，照顧我們科技和音樂方面的人才。了解什麼對她才是重要的，就不止成功一半了。

對缺乏專業知識和經驗的人來說，二十一世紀的職場可能看起來像迷宮，但實際上可歸結為：第三方回饋開放性、集體努力、更大的水平性、給十倍力者更多的自由，以及對不同世代看法的開放。這些重點適用於每一個人，千禧世代和Z世代等年輕世代尤其受到這種激進創新的影響。

為了實現過去從未有人成功的獨特壯舉，十倍力人才如自由球員一般進入這個新世界。他們需要強而有力的指導。在下一章，我們將介紹如何卓越管理這群十倍力人才。

本章重點

一、當代職場正遭受遊戲規則改變引發的徹底改革，這是一場完全現場直播的革命，很大程度上受到一九七〇年代最早在矽谷崇尚的發明精神所鼓動。

二、這場革命由十倍力者領導，他們兼具高智商和高情商，是罕見的超級人才，擁有實現比預期超過十倍成果的能力。十倍力者是天生的問題解決者，他們解決問題是因為他們喜歡。

三、如果給予十倍力者時間和空間進入深度工作的心流狀態及做自己擅長做的事，他們將會發光發熱。

四、成為十倍力者必須持續地自我分析、自我教育，以及不斷地自我改造。

五、團隊合作和回饋開放性都是十倍產能的核心要素。舊式上司／下屬的階級制度已經行不通了。

六、年輕的新世代為職場帶來了新能量，這些能量有許多正是十倍力者所具有的才能。聰明的管理者將學習跟他們建立人與人之間的聯結，並且幫助他們駕馭自己強大的力量，認識十倍力者和千禧世代普遍共有的價值觀。

Chapter

2

訂製的上司

「我認爲沒有人想成爲盒子裡一百種顏色的其中一種。」

——美劇《廣告狂人》（*Mad Men*）

「下午三點前交到我辦公桌上！」

不管是親身遭遇，或經由別人證實、或傳言聽說，當我們提到「老派上司」（Old School Boss）時，你知道我們談論的是誰。（我們用「他」，因為一般都是男性，不過並非全部。）這位二十世紀美國勞動力的領導者，從來不在意為他工作的人。事實上，團隊成員的目標、需求及個性特點通常會被他視為阻礙。

然而，老派上司並非都是混蛋。無論如何，他肩負了以公司為第一優先的職責。

在他那個年代，落實制度才有用。如果老派上司要求下午三點前要看到你的報告擺在他桌上，他不會因為提出這種要求受到懲罰，反倒是沒有揮汗努力的你倒大楣。如果老派上司要你參加枯燥沉悶、百無聊賴，與你實際職務一點關係也沒有的會議，你就得面帶笑容出席。你最清楚老派上司如何看待你的抱負；他一言不發，想當然認為在他面前，你會噤口抑制自己的渴望、夢想和期待。你是去替他工作，廣義來說「他就是公司」，你要跟他一樣抱持自我犧牲的觀念。妥協的結果是，如果帶著忠誠和無私繼續工作，公司會在你的職業生涯中一直雇用你，甚至可能會在退休歡送派對上送你一只金錶。

艾琳．保羅（Eryn Paul）以〈老派上司的七個徵兆，你如何應對？〉（*7 Signs Your Boss is Old School—and How to Deal With It*）為題，在生產力資訊網 Knote 發表一篇十分詼諧但令人沮喪的文章。❶ 文中，她列舉了各式混雜的示警紅旗，暗示你的上司可能是她稱之為「老男孩俱樂部」（The Old Boys' Club）的成員：他不允許遠距辦公；對他來說，工作／生活平衡是陌生的概念；不贊同五點準時下班；他的肢體語言傳達了優越感；他若招喚，甚至過於私人的請求，你都必須放下正在做的事；即使你累積了幾天假，補休假仍會遭質疑；最糟的是，你的意見沒被認真看待，當被認真看待時，你的上司已搶走功勞。保羅最後寫道：「老派上司不喜歡改變，尤其如果改變不是出自他們的主意。」

聽起來有趣嗎？

電視劇《廣告狂人》大受歡迎，部分原因是生動描述了在這種根深柢固的剛硬作風下，企業經營最主要的弊病，就像二十世紀下半葉開始逐漸廢除上半葉的慣例和常規。劇中的老闆羅傑．斯特林（Roger Sterling）和伯特倫．庫柏（Bertram Cooper）認為員工與自己的地位不同，這樣的想法對他們來說並不荒謬，甚至連公司的頂尖人才也得表現出一定程度的服從。期間，十倍力者唐・卓普（Don Draper）和佩姬・歐爾森（Peggy Olssn）採用老闆陌生的「現代理解方法」和「開明的工作倫理」，因而挽救公司免於破產。由於他們贏了，權力平衡才開始轉移。

《廣告狂人》完美預示了現代職場的發展方向。五十年後，美國企業界仍未完全準備好採納矽谷職場的創新方法，但卻愈來愈沒有選擇的餘地。千禧世代已經接手主導、從新創文化汲取靈感、在許多方面扮演反文化的角色，以及革除嚴肅古板的價值觀。今天，只要嘗試嚴厲要求十倍力者（或任何一位千禧世代的人），看看會有什麼後果，可能使整間公司遭受徹底損害的危險；或者嘗試將超級人才束之高閣，然後眼睜睜看著技術陷入泥沼，正當公司瓦解的同時，最優秀和最傑出的員工會紛紛尋找新的出路。在已經到達的未來，你不能再把頂尖人才視為機器齒輪，在所有會影響到他們的重大決策上，更必須得到他們的「贊同」。

事實上，被廣泛應用的現代版「聰明目標」（S.M.A.R.T. goals）能夠幫助團隊，使他們對新的管理方式更有共識。在S.M.A.R.T.中，A有時代表「意見一致」（Agreed upon），而且並非只有短程的專案目標須取得贊同。就像大多數成功的聰明人，十倍力者同樣具有遠見。身為策略的思考者，他們投入很多時間集中心力並預做規劃。當然，個人的職涯發展是他們最關心的其中一個主題。十倍力者和千禧世代需要知道自己的上司跟他們一樣，對未來抱持樂觀態度。知名世代演說家安娜·李歐塔稱其為「與千禧世代共事的基本原則」；在個人網站上，她將其列為滿足千禧世代的「需要、渴望，以及實際上要求」三個必須履行的要素之一。上司應該主動關心團隊成員的成就，並且給予實際上的支持。

李歐塔說：「在教練、顧問和導師的陪伴下成長，而他們就像學校、運動隊和家中的成人模範，千禧世代不願意每天在威權文化裡忍受八到十二小時。」

贊同是一項新常態。若能不再命令他們做什麼，那麼你要如何取得人才的贊同和他們的充分參與？

答案很簡單：首先，你必須開始認識「全人」（the Whole Person）。

認識全人

新派（New School）上司最主要關心的問題是：什麼能使個別人才真正為我所用？怎樣才能激發他們的積極性，尤其是克服他們自己擔憂的障礙？如何以他們覺得自然且全面的方式幫助他們，「由內而外」達成專案目標？這不僅僅跟激勵高階主管有關，聰明的團隊領導者會為他或她的每一位主要成員思慮這些問題，並視同自己的既得利益。就像教練必須從裡到外了解他或她的頂尖運動員，找到充分利用人才的最佳方式正是十

訂製的上司：行動一

0倍力管理者	厲聲命令並希望所有人遵從。
5倍力管理者	考慮到每個人都有私人生活。
10倍力管理者	十分理解私人生活，管理時會加以考慮，並在過程中獲得卓越的成效。

倍力管理者的核心工作。

事實是，若不贊成按照員工需求打造開明的職場，你甚至無法說服十倍力者到職。如同約翰．蘇利文博士（Dr. John Sullivan）最近在最重要的徵才新聞網ERE[2]上描述的，大多數公司「甚至不知道激起頂尖人才興趣的吸引力因素……。如果仔細檢視你的工作職缺、就業網站、招募行銷，你會發現幾乎所有的企業都在強調與『工作待遇』有關的因素，比如福利、所須的技術及能力。」

「以為表現卓越的人與一般員工想要的東西一樣，這是常見也致命的錯誤。」蘇利文博士建議排除所有影響你的因素，把思考的重點擺在什麼才是最佳人選真正在乎的——令人激奮的工作、創造影響力的機會、快速成長、優秀的管理者及同事。

從概念上來說，設法獲得最優秀的科技人才，與職業隊想簽到最佳運動員並無不同。你不僅在評估可能人選的技能、給付他們薪酬，還有責任讓他們覺得受雇於你可以過著自己嚮往的生活。

這不可能藉由提供一個各方面都顧及的工作機會就能促成。

所以，**客製化**（Customization）成了新常態。

「A計畫指導」（A-Plan Coaching）是我們參與及擔任顧問的一間提供優化及可擴增指導服務的新創公司，建立了一套我們喜愛的規則。當他們為企業雇員提供指導服務時，要求企業最多只能設定六〇%的員工目標，剩餘的四〇%必須由員工本人親自確立。為了使員工的工作生活完善，你必須給予他們可以優化自己全部生活的機會。

這種程度的尊重徹底推翻了固有的上司概念。命運掌握在你的手中，而取得贊同是你必須履行的義務。我們非常喜歡這個想法，因此採用了其中一個版本，如今在我們公司每週目標設定會議上，我們會請員工為每六個專業目標設定三項個人目標。**個人化**（Personalization）也是一個新常態。

因為實際代理科技人才，我們努力從各個面向了解他們。我們的面試有時氣氛緊張得令人激動，有時雞同鴨講到令人苦惱，過程中我們就像檢視技術悟性一樣，留心審查情商和問題解決技巧。由於反覆試驗，我們從失敗中體認到，在真實的工作世界，與他人溝通及和睦相處的能力與程式設計經驗一樣重要，而且放諸於其他任何地方皆準。甚至只有B-溝通技巧的A+開發者，也要經歷艱難的磨合。

「十倍力提升」（10x Ascend service）是我們的薪酬顧問公司，代表高階主管洽談即將擔任的高層職務是服務項目之一，在提供這項服務時，我們會做更進一步的調查。我們最先做的其中一件事是請未來的客戶填寫我們所謂的「生活方式計算表」（Lifestyle

Calculator），表中他們將為自己評估喜好（通常都是第一次），並與我們分享在無數的競爭舞台，什麼才是最重要的。這份計算表包含了二十四個屬性，每位填表人可在其中分配一〇〇分。這種自我檢視的過程不僅迫使他們理出優先順序，同時也幫助我們開始了解真正的他們，以及對他們來說什麼是最重要的。

十倍力生活方式計算表請參見：https://10xascend.com/calculator/，你可以直接試試看，我們敢打賭你對自己的認識會有一些新的想法。但不管你有沒有做測試，必須說明的是，這份計算表一而再地反映了**沒有兩個人才會是一樣的**。無拘無束的二十七歲單身工程師，和三十二歲已婚、有一名小孩的工程師不會期待一樣的東西。即使兩名外表具有共同特徵的人才，他們的需要和需求也往往大相逕庭。

一堆新工具如雨後春筍般湧現，讓管理者有機會認識到人們在各種技能和工作經歷以外的其他面向，而生活方式計算表只是其中一種。就像科技文化原來是職場的遊戲規則改變者，新科技本身正在管理工具上推動多向性的復興。《財星》最近報導，[3]經歷巨大驟變的績效管理系統演算法，正迅速被團隊建立者用來增進溝通及提高生產力。如同麥肯錫（McKinsey）在華盛頓特區（Washington D.C.）的合夥人布萊恩・漢考克（Bryan Hancock）點出的，「主管和員工都認為舊的績效考核方式太主觀、太官僚，而且太保守。」這些新數位評估系統提供了關於員工的技能、目標及喜好的最新資訊，因此如漢考克說的，管理者能專心於「指導而非評比他們」。

這些演算法中有許多甚至能做出細微調整的建議，這種方法會不會聽起來像冷數據，其實不然。建議應該始終（按照員工需求）訂製，而且始終都是個人化。馬克·瓦格爾（Marc Wangel）是ＩＢＭ二十五年的資深員工，負責帶領一組十二人的策略及科技團隊。關於這些新工具，他表示：「確實使我成為更好的管理者，我有更多的時間與團隊成員晤談並進行指導。」

量身訂製（Bespoke）也是新常態。

彈性學

傑西·李（Jesse Lee）是特立獨行的創業家，憑藉自己的達布混頻媒體公司（Dub Frequency Media），過去十年都在重新創造品牌吸引年輕人的方式，沒有人比他更了解職場的快速變化。引領時尚風潮的 *LA Canvas* 雜誌稱李為「魔術師」，[4]並詢問讀者：「你怎麼解釋這位媒體大亨如何不費吹灰之力管理這麼多專案？」《彭博》（*Bloomberg.com*）對他一樣感到驚嘆，二〇一七年雪拉·馬瑞卡爾（Sheila Marikar）以〈洛杉磯的新炒作天王破解了千禧世代的消費方式〉（*LA's New Hype King Has Cracked How Millenials Spend*）[5]為題，發表了一則內幕報導。

當然，李不是我們說的「老派上司」。

訂製的上司：行動二

0倍力管理者	任意批評，而且很少提供與批評對等的建設性或正面回饋。
5倍力管理者	依據人力資源政策，引用員工如何能把工作做得更好的例子，每年給予一到兩次回饋；偶爾插入幾個正面回饋。
10倍力管理者	除了按照人資政策的正式考核，提供即時回饋且重點放在員工如何獲得成長及在自己的工作和職涯上表現更好；也專注於提供比例相稱的正面與負面回饋，讓個別員工覺得合理。

李是一位積極堅定的年輕領導者，熱情洋溢但也非常嚴肅，穿著最流行的嘻哈服飾，並以卓越的指揮能力管理繁忙的卡爾費城（Culver City）辦公室。由於洛杉磯和紐約兩地共有三十五名員工，擁有的專案及客戶比我們數得出的還多，因此他必須以超快速度從自己的管理經驗中學習。

「重要的是找到對的動機，」他解釋，「尤其當你在所謂『有創造力的環境』工作。對能力強的人而言，唯一好處和令人興奮的是可以讓他們發揮影響力。這是你必須要給予他們的。」

能夠創造一個延展性十足的工作投入空間是李軍械庫裡的關鍵武器。「我們有兩位最新上任的主管是離開與績優股客戶合作的代理公司才來這裡，對不對？那些頂尖的公司代理的有谷歌、蘋果及Nike……等等。因為我們給予他們獨特的機會……**彈性**，用他們自己的方式做事。」無論公司雇員或遠距自由工作者，李也創造了一項做法：為對的工作找到對的資源。他了解混合的勞動力能為經營帶來競爭優勢。

彈性就是遊戲規則的名稱。

這是處理日常工作量非常「當代」的方法，與專業化截然不同。李旗下的企業集團涵蓋了從炙手可熱的公關顧問公司達布混頻媒體、流行生活網站 westwoodwestwood.com，到新高端零售市集應用軟體「基本空間」（Basic Space）的所有事務。李為了找一名能彰顯「基本空間」巨大潛力的十倍力程式設計師而求助於我們，那是我們第一次見到他。當時，我們並不知道他同時忙著管理多少專案。他手邊握有不可計數的新創公司、餐廳及服飾供應商，他的團隊因舉辦為慈善目的發起的派對和奇特活動聞名，這些派對和活動常擠滿A咖名人。當維多利亞的秘密（Victoria Secret）想在科拉切（Coachella）音樂節製造轟動時，李便是他們尋求協助的人。

「說真的，這裡的每個人在任何給定的時間處理六到二十四個專案，」他解釋，「想像一名新的雇員，從一家大型代理機構做起，在一個客戶身上連續下功夫兩年，然後到這裡來，我們讓你去協助『基本空間』、達布混頻媒體、科技新創，以及我們處理的所有事務。另外，我們動作真的很快，快到有些人無法應付的地步。但我們是一家公司，我們必須在不同時間展現各種實力，並從混亂中學習。」

同樣是向年輕人行銷起家及擴展的歷練，但很少有人像李一樣果敢地朝著個人化的方向前進。他所有員工的年齡都介於二十二到四十歲之間，每兩週為二十七歲及以下的人舉辦專題討論會，從談判的藝術、建立人脈、工作與生活的平衡到日常生存，主題由他們選定。李也舉辦晚宴和員工旅遊，將遍布各個階層的員工聚集在一塊，只是想看看能碰撞出什麼樣的合作火花。李特別堅持找對的人加入。

「說到尋找文化契合（cultural fit），」李解釋，「我並不是指穿著方式、喜歡聽的音樂，或其他外在的東西。這是一個假設的情況，對不對？也不是談論哪些技能和興趣就能讓團隊其他成員維持密切合作。但也沒那麼難理解，我要找的是我所謂的成長型思維（growth mindset）。」

李用這個簡化的術語表達自己無論雇用多少人，都會優先考慮三個要素。即使有潛力的實習生，也會被仔細檢視成長型思維。首先，他找的是多維思考的人。「當你看見一扇門，你會怎麼做？砸開，還是踢開？或者你會從底下鑽，或上面爬過去？我需要會考慮各種可能性的人，而不是只看事物慣常的一面。他們會從每個角度找出策略解決方案。如果做不到，那麼你是會卡關的人，我沒有時間幫助你，即便你有。」

李尋找的第二個要素是創造力，他的意思並非指漂亮的設計。「能夠盡一切努力完成，在沒有預算、沒有資源，只有其他人的一半時間下將事情做好，我知道這樣的人具有創造力。」將李的解釋和老派上司並置，誰會要求刪減預算，並且期望沒有能力的人去完成想做但做不到的事。相比之下，李找到的人會自願接受最大的挑戰，因為他們有一致的動機（或我們稱之為切膚之痛〔skin in the game〕，也是本書第六章的主題），這

訂製的上司：行動三

0倍力管理者	想要做好，但關心團隊只因他們關係到自己的成果。
5倍力管理者	深切關心團隊在工作上有什麼樣的表現。
10倍力管理者	深切關心團隊在生活及職涯上的表現，甚至目前專案或工作之外的事，團隊往往做得比期望的更多或更好，而且無論到哪，成員都會跟隨領導者。

是另一個很棒的實例，說明了訂製的上司為何總是由內而外跟「全人」一起工作。

最後一個要素是李聲稱最重要，也是他認為最難教的特點。「你喜歡超越自己的期望嗎？」他問，「因為這是我想要一起共事的個性，人都有自己希望成功和表現出色的原因。」

對於是什麼讓十倍力者擁有十倍力，這是強而有力的闡釋，一種超越期望並改變遊戲規則的欲望。在達布混頻媒體的辦公室四處走動時，你會感受到空氣中瀰漫著這種欲望。當見到毫不隱晦的同事情誼、創意分享，以及能使公司處於他們領域最顯要地位的橫向平等觀念，你就會更加清楚明白。李知道老派的上司絕對不會跟這群人一起「玩」，他也持續努力提升自己的領導技能。他最近與柏克萊（Berkeley）駐校領導統御專家約翰．丹納（John Danner）開始了一個指導計畫，而且對安排的課程充滿熱忱。丹納的其中一項練習是指導李在白板上推斷自己的想法，然後藉由連線遊戲將意義傳遞給他的員工。

「約翰跟我談到成為一名更好的翻譯，對不對？傳布訊息是一回事，關注人們是否依照我想要的方式理解訊息又是另一回事。」

新派上司若有一絲絲的機會帶領十倍力者，他或她會希望團隊能像自己一樣致力於自我提升。「這有點像跟教練和團隊裡最好的球員在一起，對不對？」李表示，「如同美式足球新英格蘭愛國者隊總教練、曾幫助球隊奪得五座超級盃冠軍的比爾·貝利奇克（Bill Belichick），或不管是誰，最好的教練每晚只睡四個小時。還有，他們知道雷霸龍·詹姆斯（Lebron James）和柯比·布萊恩（Kobe Bryant）會在其他人休息的時候練習。」

為銀行注入同情心

傑西·李經營的是一家數位委任的商務集團，這種類型的企業傾向推行訂製的管理做法並不令人意外。更值得注意的是，這種新做法甚至已經被最早的安全防護產業採用，儘管速度慢了許多。事實上，這麼緩慢的改變速度正是我們寫這本書的主要原因之一。

就像老派上司，老派公司有一種阻礙自己成功的可怕能力。舉個令人沮喪的例子，最近為了替一家巨型集團媒合一位足可讓我們列入名冊的技術天才，好拯救他們生產皮革的無縫管道，我們不得不花一個多月的時間協商，將厚達一百多頁的主服務契約刪減到十八頁。這份契約對他們的緊急需求真有那麼重要嗎？一旦我們的人開始工作，他們之前為了捍衛協議連續耗費的幾個小時人力絕不可能再發生。（不過，我們要感謝這家公司的採購團隊花時間修改並精簡合約。篇幅冗長的合約是公司持續成功的主要障礙。）

再舉個更常見的例子，為什麼這麼多公司對自由接案者支薪仍有持續長達九十天以上的給付期限？最優秀、最聰明的人每小時能輕輕鬆鬆賺到將近七百五十美元，為什麼他們要接受這樣的付款方式？

另一個例子：與我們共事的一名高階主管最近正為一家《財星》一百強企業提供諮詢服務，幫助他們變得更敏捷。當他們嘗試在諮詢合約載明付款方式時，企圖將給付期限改為九十天（他們典型的付款時程）。如同這位高階主管說的，「這點我們無法接受。你們雇我教你們如何變得更敏捷，但告訴我要等九十天才能付款，那不是很諷刺！」最終議定了更好的方式給付諮詢酬勞。

幸好有些傳統產業的高階主管了解，職場正在經歷一場革命，而且不可避免。自撰寫本文以來，第一銀行（First Bank）新任執行長雪莉．塞弗特（Shelley Siefert）管理的企業正好與傑西．李的完全不同；然而，她目睹了相同的動盪，也直接面對相同的挑戰。塞弗特表示：「我一生從未見過如此快速的轉變，感覺我們好像每一季都有不同的技術水準，而且帶來巨大的影響。」

第一銀行於一九一〇年在聖路易斯（St. Louis）以家庭辦公室的形式設立，至今擁有一百多年歷史，可說是再傳統不過的銀行。因為家族所有，使他們能以獨特方式處理家族及私人企業的需求和挑戰，並藉此打進市場。隨著二十一世紀到來，連第一銀行也得承認勞資關係的新狀態。

「兩件事讓我徹夜難眠，」塞弗特說，「首先是建立堅強管理團隊的基礎架構，其次是使團隊運作的訓練計畫。你可以找來全世界最優秀且量身訂製的管理者，對不對？但如果制度在各方面處處阻撓他們工作，那麼你可能會無法長久留住他們，因為他們要麼被調到新的環境，要麼選擇到其他地方。你不能宣布說：『動手吧，修改所有的東西』……，然後第一次見到看起來好笑的新東西時改口說：『等等，這是什麼？』你必須創造支持改變的環境。」

塞弗特是新派訂製上司的典範，高度重視員工的滿意程度，這很不容易。當然，她主要對董事會和股東負責，而且整日周旋於高階策略和執行。儘管如此，從大學實習生到數據安全專家，她十分重視銀行的第一線，常會晤各個層級並特別關心科技專業人員。因為他們往往年紀較輕，而且期待不同型態的管理方式。

「傳統的激勵因素已經改變，」塞弗特解釋並附和傑西・李，「我剛踏入職場時，像是……你知道嗎，『你賺多少錢、會不會有更大的辦公室……，』相當物質主義。現在，這些誘因不再那麼重要了。我接觸的年輕人都是理想驅動（cause-driven），他們想要參與重要的事，譬如有益於我們環境、有明確目標的事。甚至我們最前端的『深科技』（deep tech，最早由投資公司 Propel(x) 的共同創辦人及執行長 Swati Chaturvedi 提出，原指根據『科學發現或有意義的工程革新』開發新產品的新創公司類型），他們真的很想做些對人類有幫助的事，而你必須滿足他們這點。」

這些態度轉變的同時，隨著個人化銀行及金融科技服務在各地湧現，銀行業現在有了一個全新的競爭層次。塞弗特表示，在每個人都期望全天候的訂製服務前，有時會聽到二十世紀模式培養出來的銀行家對「美好舊時光」的消失感到遺憾。

塞弗特自己則受到轉變的啟發。「我喜歡新世代的人，是因為他們重視在地（local），他們到農夫市場購買友善的蔬菜。這些孩子在未來二十年不會經營家族事業，雖然在例行工作上不想或不需要他人協助，但他們是天生的學習者。作為一家銀行，你如何幫助他們採取行動？」

從這個訂製化的大漩渦裡，塞弗特看見了可以提升管理藝術的絕佳機會。「無論誰來管理，都會為他們的世界帶來巨大的影響。我們嘗試雇用接受新思想、傾聽並回應個人需求的管理者。在一個理想的世界，每位管理者起床時會說：『我能怎樣創造一個為我工作的人都能各盡其才的環境呢？』」

推行全面管理風格的措施即將遍布整個數位領域，而領英執行長傑夫．威納（Jeff Weiner）是採用同情心管理的一名先鋒。他最近在歐普拉超級靈魂系列脫口秀（*Oprah's SuperSoul series*）中表示，「富有同情心的領導以個人之間的聯繫做為開始，而公司是由人組成，僅此而已。」威納了解任何執行長都會口頭支持仁慈概念，但他不相信空洞的陳腔濫調。「我們正努力建立同事之間的聯結，設身處地為他人思考，並體會他們正在

訂製的上司：行動四

0倍力管理者	希望工作按自己的方式盡快完成。
5倍力管理者	了解人有時在某些工作狀態（特定時間和地點），可以把事情做得更好。
10倍力管理者	努力確保能為每個人提供最理想的工作環境，同時提升他們的生產力。

承受或經歷的情況……，我們嘗試付出行動。」

毫不令人意外，他最近獲得自己員工一〇〇%的滿意度，百分之百。

比起其他產業，這種高階主管層級的同情心對銀行業來說可能是更陌生的管理模式，但第一銀行的塞弗特卻欣然採納，而且由衷認同十倍力領導，簡單說就是一種想在他人命運上投入時間和心力的渴望。「確實，我們對管理者的要求比過去更多，」她說，「但如果不煩惱怎麼去幫助他人，成為管理者還有什麼意義呢？」管理者必須重視個人特質，這不是要你成為員工的摯友，而是尊重他們是什麼樣的人，並且了解你的工作是支持他們取得成功。當然，你不須提供任何他們想要的東西，「因為那樣不會幫助他們有所成就。不過，你真正要做的是理解他們身為人會有的想要、需要、希望及夢想。」

不令人詫異的是，塞弗特的新思維有時會因舊制度受到阻礙。「在監管環境中，整個企業的基礎架構是為共同的解決方案而設置的，因此對個人不利。但是，這樣的架構並非一直都能帶來最佳效益。我們的工作不是判斷什麼可以幫助一個人在

訂製的上司：行動五

0倍力管理者	擔心自己的報酬，只把團隊視為實現目的的手段。
5倍力管理者	定期為團隊加薪。
10倍力管理者	拼了命確保自己的團隊受到照顧，向成員解釋他們可以及無法為團隊帶來什麼，並說明原因。

工作上盡其所長，我們不會是這方面的審判官或裁判員。我們只能評斷結果，然後問：『什麼才能真正幫助到這個人的職涯發展？』」

她認為最具挑戰性的其中一個轉變營造了一種氛圍，在這種氛圍下可以揭露失敗及錯誤而不造成負面影響，這是源自於矽谷教戰手冊的想法，也就是最出名的「經常失敗及快速失敗」（fail often and fail fast）。「如果環境使問題無法逐步解決，這會是難以應付的失敗。另外，一個真正擅長某樣東西的人往往會嘗試彌補問題的發生，以免它們擴大。訂製的管理者需要一個問題能夠盡快浮出檯面的環境。你無法解決自己不知道的事，而這會使得整個公司處於危險中。」

在銀行業文化，為個人創造自由感並非任何人日常待辦事項首要做的事，尤其對高階主管而言。「當優秀的員工、卓越的個人貢獻者成為管理者時，通常會浮現一個典型問題，」塞弗特解釋，「就像你是一名出色的滑降滑雪員，但成為管理者意味著你必須學會急轉彎。人們在最困難時習慣倚賴自己知道的，這很危險。」

那麼，塞弗特如何辨識處於危難狀況的管理者？

「我能看出員工的主要熱情在哪。有些人關切他人的發展，有些則專注於自己的職涯，這在某種程度上已經僵化了。我要找的是合群的人。」

本章重點

一、「老派上司」會在沒有得到員工的贊同下要求他們，這種上司已經成為過去式。

二、訂製的上司努力了解「全人」，也就是一個人的需要、渴望、抱負……等等。

三、與十倍力者一起共事的訂製上司尤其要有細膩的專注度、彈性和理解力。

四、透過在交談中引入訂製的即時數據，新數位工具為管理帶來革命性的進展。這項進展使管理者成為教練，並將員工的成功視同自己的既得利益。

五、若要理解十倍力者和年輕世代，訂製的上司必須訴諸於符合他們的價值觀，以及他們想參與某個能使世界變得更好的欲望。相對的，員工也需要知道主管如何看待自己的未來。

六、最重要的是，訂製的上司須有高情商、強烈渴望幫助他人實現他們想要的，以及由內而外激勵。感恩與同情心是這一切的基石。

七、總的來說，人才需要更多的指導、更少的專橫，才能在團隊發揮最大效用。

Chapter 3

成功與破壞——可管理性連續體

「成癮、自我破壞、拖延、懶惰、憤怒、長期疲勞和意氣消沉，全都是我們阻礙自己充分參與規劃所導致的生活狀況。」

——作家、演說家 查爾斯・艾森斯坦（Charles Eisenstein）

位在弧線上

在這個難以管理的新工作領域，訂製的上司受命為整個團隊提供訂製化的管理，其中最重要的原則是：必須培養「發掘真正十倍力者的銳利眼光」。因為即使是最優秀的管理者，也無法帶領實力薄弱的團隊達成十倍績效。如同麥可父親經常掛在嘴邊的：「當你和火雞一起工作，就很難像老鷹一樣展翅翱翔。」

在一段關係的最開始，優秀的管理者就須了解基層的員工如何解決問題，他們願意承擔多少責任，真正驅使他們的是什麼，以及他們勇敢與否，或者逃避改變。

第一印象和技能測試之外，好的管理者會隨時準備好提出對的問題。你不能因為連一季都無法順利過關的蠢蛋、惡霸、糊塗蟲和懶惰鬼，一開始就不敢深入探究。事實上，審核和管理一樣重要，因為即使是世界上最優秀的團隊領導者在所謂的「破壞衝動」影響下，也無法憑藉人才取得勝利。管理者求才一定要看潛力，無論全職雇用或自由接案，所有的情況下都要考量到「可管理性連續體」（the Manageability Continuum）這個層面。

「可管理性連續體」是一條弧線，包含了一端以最健康的方式對個人與集體的「成功」表露全然積極的衝勁；另一端則採取完全消極且通常無意識的「破壞」行動。

每位經驗豐富的管理者都知道，在「可管理性連續體」上，最出色的人才往往不是被「成功衝動」，就是被「破壞衝動」支配。

「成功衝動」是做出積極選擇的內在意向，帶引人才朝著自己和公司的目標前進。

「破壞衝動」是一種基於否定的循環，會在不經意間危害自己和他人成功的每一個機會。想像無意中搬起石頭砸自己的腳，再搬再砸，整天重複這麼做。

職場上的每個人都位於弧線上的某一處。

「你總是可以輕易拒絕我」（You'll shut me down with a push of your button）

——〈破壞〉（*Sabotage*），野獸男孩（Beastie Boys）

破壞衝動驅使的 0 倍力者	成功衝動驅使的10倍力者
沒有意圖成長、學習及評估自己行為的欲望；認為自己知道所有的事。	渴望回饋、學習和成長。
為了保住面子而暗中算計他人。	不怕改變自己。
不常顧慮他人。	想要支持周遭的人且言而有信。
指責他人，並試圖用藉口和合理化來轉移責任；私下和公然都這麼做。	至少承擔自己職責該負的責任。
不做很多計畫或完全不做。	將自己的價值觀與工作結合；總是為將來預做準備，並適時修正路線。
認為問題無法克服，並找各種藉口。	將問題視為必須克服，而且能從中學習的挑戰。

錯失機會的衝動

「千萬別把你的薪資多寡和你有多少才能混爲一談。」

——美國演員　馬龍．白蘭度（Marlon Brando）

訂製管理的第一個法則：當你注意到「破壞衝動」時，請死命地逃。

我們沒有誇大。本質上來說，「破壞衝動」最終會損害所觸及的每一個關係和事業，而優秀領導者的工作是盡快發現它，盡可能避開，並在大難臨頭前盡快清除。「破壞衝動」可能有許多形式，很難用有限的術語說明，不過就像色情影片或詐騙廣告頁面，一跳出來你

破壞衝動驅使的 0 倍力者	成功衝動驅使的10倍力者
聚焦於問題。	專注於解決方案。
缺少好奇心且覺得自己知道的夠多了。	深感好奇且思想開明。
即使面對矛盾的數據，也認為自己是對的。	熱愛數據且了解其中的價值。
溝通不良，部分原因是他們無法有同理心為他人設想。	理解他人，並知道如何講述及交流想法。
對於自己的行動，沒有事先預見結果的判斷力。	採用「聰明目標」或等效的方法。
沒有感激之情或不會表達感激，使他們虛有其位。	野心與感激之間能夠取得平衡。
拒絕支持和指導。	接受並尋求指導和幫助。
經常模糊事實來保護自己。	透過誠實與交際手腕平衡溝通。
過分誇張的能力覺察，與現實落差極大。	知道並考慮到自己的極限。
不管到哪都會製造衝突，且被大多數人認為不講道理。	通情達理且別人也這麼認為。
上班和下班都不開心。	工作和生活的平衡為他們帶來某種程度的快樂和滿足。
懶惰、且受到恐懼和自我保護驅使。	積極主動。
重複錯誤，因為他們不承認自己肩負的職責。	從錯誤中學習，因為他們完全接受自己。
常在不考慮他人觀點或感受下，便做出本能反應。	願意試試其他的觀點，懂得稍加思考後再做反應。

便知道了。

強納森．洛文哈（Jonathan Lowenhar）是「樂在工作」（Enjoy The Work，ETW Advisors）的創辦人，這家成功的顧問公司總部位於舊金山，透過幫助企業解決棘手的早期開發聞名，並以導師身分指導最新且熱門的新創企業。ETW彷彿是實際動手為新創公司接生的助產士，從機器人技術、金融財政到人工智能等等，已帶領許多領域的新公司設立和發展，這些公司遍布孟買、多倫多、西雅圖、紐約、洛杉磯，當然還包括矽谷。這些第一線的實戰經歷讓洛文哈成為一開始就能發現「破壞衝動」的大師。他表示這種衝動可能以若干方式顯現在剛起步的新創公司和他們的執行長身上，最危險的是他所謂的「脆弱下巴症候群」（The Glass Jaw Syndrome）。

「新創企業極為艱辛，」洛文哈解釋，「你若『動作不快即死』，這也是使他們成為具有獨特資產和獨特類型的原因。新創企業資金有限，競爭激烈，承受各式各樣的壓力，必須減少情緒性的發怒。對一天工作十七小時，但薪酬遠比市場低的創辦人來說，必須動作快。就我看來，想要成功，你得嚴格且始終坦然面對那些回饋。客戶是否討厭或喜歡你的產品，或者員工是否不喜歡，無論什麼樣的回饋，你都要殘酷地要求自己誠實面對當前的真實情況。套用拳擊的說法，如果你的下巴像玻璃一樣脆弱，你在第一回合就會被擊倒。如果無法告訴你事實，不管我用多少非暴力語言；如果我不能誠實討論有些事你不採取個人化、沒有感受犧牲是行不通的，那麼我們就只能沒沒無聞。」洛文哈描述的是不可管理性（unmanageability）最難控制的狀態。

十分諷刺的是，洛文哈原是我們的前共同創辦人先介紹給我們，後來卻成了幫助我們順利與他結束合夥的人。洛文哈完成那次棘手的談判，表現得十分出色，因此之後我們仍決定繼續尋求他的建議。洛文哈知道如何巧妙處理複雜的拆夥並不令人意外，因為他精通依附理論（attachment theory）。這也是為什麼當他在初期會談發現潛在客戶不值得信任時，就知道破壞即將發生。

「在初期的互動中，我最先探知的其中一種情況是潛在客戶願意多公正、多坦率，或者多容易受影響。如果缺少信任，他們就會試圖考我，安排幾個小陷阱。比起找到真正的關聯，他們更在意準確性。如果他們拉起防線，就不會隨意提出問題，如果他們害怕提問，甭談了，我們無法帶他們到要去的地方。」

洛文哈還引用了「破壞衝動」另一個快速指標，他的妹妹凱特笑稱為「虔誠鴕鳥症候群」（Religious Ostrich Syndrome）。

「當情況變得棘手，這些執行長會像埋首沙堆的鴕鳥，不願面對現實。但新創企業的精神仍然存在，這意味著必須勇敢面對艱難的形勢。你將面臨所有次佳的選擇，而且必須選擇。若不選擇，兩個星期後，一切都會回到會議桌上，屆時時間更少、壓力更大。不處理必須處理的情況是破壞的主要類型之一。」

「現實長」（Chief Reality Officer）這個專有名詞，是洛文哈用來定義新創企業的執行長必須肩負許多職位的其中一個。「我不在乎一家公司有一百萬、一百或六名員工，執行長必須能夠勝任、如實面對員工，並對大家說：『這是我們此刻的實際現況，哪些行得通，哪些行不通，我們正在面臨的問題，必須解決的時限，可用的資源。我們來談談有什麼選擇。』」

將新創公司推向市場是「樂在工作」賦予自己的使命，因為這個使命的獨特性，洛文哈對破壞行為與深植於情感制約（emotional conditioning）的永久性破壞狀態做了區別。「有壞習慣就會有壞的程式設計。因此，如果出生在一個充滿信任、愛與支持的家庭，你也許會漸漸成為一名有進取精神的創業家，有時必須表現出強硬和做一些令人不愉快的事，但骨子裡的你仍是情感健康的人。為了繼續生存，你只是養成了一些壞習慣。我會跟這種人共事。但如果你沒有同理心，也不謙卑，或者對於自己應該負起責任、從中學習，依然無動於衷……。」這就是破壞。

洛文哈接續描述與某位剛起步的新創企業執行長會面的情況。這名執行長簡直就是專家。「這位先生腦袋的處理能力真是驚人。」然而，與所謂的超級天才一起坐下來不到二十分鐘，洛文哈心中就舉了六支示警紅旗。「我們說話時，他仍自顧自地一直說，自己回答自己的問題，一而再地接聽電話，公司面臨的所有挑戰似乎都是公司裡其他人的錯；而整個會面從頭到尾，他都在插話：『我真的需要幫助，需要有人指點迷津，我是第一次擔任執行長。』他得到知名投資者的大力贊助，擁有人們喜歡的產品，團隊裡也有才智出眾的成員。但是，我們從中看到了真正的自戀，對不對？我們決不會跟他一起工作。你無法指導，也無法帶領他，那何必呢？不值得你花時間。」

「我總是抱持從我父親那學到的人生觀，『聽著，上帝賜給你踢球的天賦，這是你從上帝那獲得的禮物。如果你照顧好自己的健康，一直都保持在良好狀態，帶著上帝給你的禮物，沒有人能阻止你。但是，你必須預先做好準備。』」

——球王比利（Pelé）

兩位流行音樂明星的故事

人可以改變嗎？這是重要卻很難回答的問題。

就像發現「破壞衝動」，精明的管理者也可能立即辨識出「成功衝動」。不過我們堅信當一個人有潛力時，這種衝動是可以培養並強化的。真正堅強的管理者知道何時及如何提高已發揮的最佳品質，推行違背直覺的措施，藉以讓十倍力人才達到最佳狀態。

我們與流行音樂偶像約翰．梅爾共事的經驗就是極好的例子。約翰無比聰明且始終勤奮，這應該一點都不令人驚訝，因為很多人也是如此。由於能夠結合上帝賜予他的所有才能，加上勤勉、有幹勁，以及融入經紀人的指導，約翰年紀輕輕便得到卓越的成就。我們認識他時，他已經是「成功衝動」的形象代表。二十五歲前，他持續熱賣了八百萬張唱片並贏得多項葛萊美獎，很大程度上要歸功於自己不僅努力工作，同時徵求、理解及善用專家建議。他從不盲目聽取他人建議，而是用心分辨什麼真正對他的目標有益，什麼是可以置之不理。

在「可管理性連續體」上，約翰遠遠位在積極的那一端。

我們和他一起工作時，他很討厭國際巡迴演出。畢竟，他在全美境內已是深受喜愛的一號人物。馬不停蹄地國外宣傳，連續不斷地反覆採訪，常被記者提出的愚蠢問題打壞興致，成果還得與美國巡演相提並論，而他在國內已是收入豐碩、荷包滿滿的大明星。邀請他到歐洲演出就像試圖說服他簽約，踏上一段地獄之旅。不過每次巡演期間，我們都有突如其來的想法。我們決定帶約翰去看布魯斯·史普林斯汀在巴黎的演唱會。

這是一個單純的舉動，但不出所料，看見布魯斯博得外國樂迷的喝采，讓約翰深刻體認到，略過地球上所有遙遠的地方都會是錯誤，這種錯誤很難在之後彌補。約翰只能考慮我們的建議，認真看待，並改變自己對歐洲巡演的態度。這是因為他擁有兩倍劑量「成功衝動」最關鍵的特質——可管理性。

聽從強硬的建議需要真正的勇氣，尤其當你已經歷了一些成功。因為約翰了解當中的價值，歐洲巡演突然變得輕鬆容易。但事實並非這麼簡單，在天生的夜貓子習性、時差問題、每天清晨從電台／電視台開始，到出席完公開活動，深夜才結束殘酷忙碌的工作生活之間，約翰展現了自己的十倍力，日復一日、夜復一夜地咬緊牙關照料遍及歐陸各地的事業。今天，他在很多國家的演出都座無虛席，儘管最初的流行音樂光環已黯淡許久。

這是僅憑「成功衝動」就能做到的。

再舉另一個例子。約莫同時間，我們與一名我們稱為「安東尼」（並非他的真名）的客戶合作，他也是極有才華的歌手。但安東尼不像約翰那麼勤勉，真正的阻礙是他的低情商。他有段時間很難聽取我們或其他人的建議，而且對任何不屬於他自己的想法，都會懷有一股深藏內心的抗拒。安東尼完全被邪惡的「破壞衝動」吸引住了。

不幸的是，我們花了很長時間才看出來。我們堅持和安東尼合作延續得太久，也給我們帶來巨大的問題和痛苦。除了在這個人身上投入大量時間和精力之外，我們必須接受一個事實：我們誤判情勢了。但問題是，我們也有自己的「破壞衝動」——無論如何都想跟這名出色的歌手合作。我們忽略了與安東尼相處的每個跡象，將問題歸因於他還年輕，並祈禱情況能夠好轉。我們不言而喻的恐懼發生在一次電視節目上，他在最後一秒決定更改曲目卻未告訴任何人，主持人因介紹錯誤歌曲而感到非常沮喪。這個魯莽的舉動讓安東尼的唱片公司團隊火冒三丈，他竟不願演唱團隊花了幾週宣傳的歌曲。

唱片公司最終放棄他，但因為我們是新手，所以花了更長時間才認清，不管他有多少才華，都不可能取代他的「破壞衝動」。當預料到安東尼的職涯到達第三及第四階段的艱難時期，我們終於分道揚鑣。我們感到抱歉的是，經紀人、律師、唱片公司還被我們找來洽商。儘管他們各自都能夠看出我們應該要察覺的問題，但他們因為有我們的承諾和名譽擔保而繼續和安東尼合作。這意味著我們必須接受的，不只是對我們自己，還有對所有相信我們的人造成的損害，更要從這些損害中吸取教訓。這就是相互依賴代表的含意。

回過頭來看，我們可能很懊惱沒有一開始就看出安東尼會朝哪個方向去，但這正是管理的難題：在發現他人的「破壞衝動」前，必須努力先解決掉自己的。

失去安東尼之後的幾年，我們先後與其他客戶合作，也獲得了一些成就，但這也正是音樂產業面臨崩潰的時候。從二〇〇二到二〇一二的十年，音樂產業大幅萎縮，實體銷售（額）急速下墜，每週都有唱片行關閉，唱片公司就像紙牌屋一樣，一個接一個倒下。遊戲規則就在我們眼前發生改變。

最糟的情況是，我們很多朋友都被唱片公司解雇。

還有更糟的是，不知如何規劃未來。CD唱片如垂死的野獸，個人單曲的銷售量再也無法追上，數位下載侵蝕了這個產業的基本銷售模式。

令人沮喪且畏怯。我們雖倖免於難，也試圖為自己和布里克沃爾經紀公司（Brick Wall）的客戶在所有混亂中猜測未來。然而，去中介化（disintermediation）幾乎不可能。我們那時從事管理工作已有十多年，幾乎占去我們整個職業生涯。對我們來說，這是一段黑暗時期。當時，恐懼和不確定以前所未有的方式成為生活的一部分。這是我們需要找回年輕時代那種企業家騙子精神的時機，並且看看自己能否從崩潰中創新做法。只是我們不再是十幾歲的年輕人，因此感到恐懼。我們倆都有小孩和家庭，都沒有真正做過音樂以外的任何事，而且獨立創業了十幾年。多年來我們都不在自由／公開市場（open market），想到要詳細撰寫履歷，找日常的正職工作就更加害怕。

麥可是我倆當中經常想出新奇點子的人，他開始變得非常積極且努力工作。他有想法就告訴瑞雄，而瑞雄扮演故意唱反調的角色，對所有點子提出健康的懷疑。這確實阻止我們追求某些當時對我們有害的新奇事物，但也讓彼此經歷了艱難的互動過程。因為不斷提出建議，然後又被一一否決，對任何人都不好受。

終於在二〇一〇年，麥可提議代理科技人才，而這個想法讓瑞雄找不出漏洞。我們說，「何不嘗試看看？這個時候，我們幾乎已經一無所有了。」

這個決定將我們帶往創設十倍力管理顧問公司的道路上，並不斷前進。

事實證明，隨著訂閱串流服務的出現，音樂產業在隨後的十年終於做對了，我們的經紀公司也一樣，布里克沃爾並沒有像我們所懼怕的逐漸縮編或關閉。最終的結果是，我們運作健全的名冊裡仍有一串傑出的娛樂圈客戶，而且也將我們的科技人才代理（經紀）公司「十倍力」打造成有意義的事業。

是的，我們重新振作起來，但過程困難重重，也富有教育意義。改變是可能的，不過只在你準備好、有意願且有能力時。

「沒有紀律的人才就像穿著輪式溜冰鞋的章魚，動作很多，但你很難判斷它是要往前、往後，還是往旁邊滑行。」

——美國作家　小傑克森．布朗（H. Jackson Brown Jr.）

在僵局中勝出

沒有人能像赫赫有名的超級巨星經紀人肯．李維坦（Ken Levitan）那麼了解「成功」與「破壞」的變化無常。我們認識肯很多年了，甚至有幸與他合作過 August Moon Drive In——一個野心勃勃的室內免下車電影院計畫。他不僅從零開始造就超級巨星、拯救無數公司岌岌可危的事業，而且艱苦地對抗新千禧年不斷瓦解和再膨脹的音樂產業。身為藝人經紀人、職涯顧問、娛樂律師、製作人、出版商、餐廳老闆和音樂節創辦人，他可說是偉大音樂產業裡多才多藝的最後一人，負責掌管包括里昂王族（Kings of Leon）、衝擊樂團（The Fray）、小漢克．威廉斯（Hank Williams, Jr）、理查．湯普森

（Richard Thompson）、搖滾小子（Kid Rock）、艾莉森・克勞斯（Alison Krauss）、愛美蘿・哈里斯（Emmylou Harris）、林納・史金納合唱團（Lynyrd Skynyrd）、崔夏・宜爾伍（Trisha Yearwood）、彼得・佛萊普頓（Peter Frampton）、肉塊（Meat Loaf）、萊爾・拉維特（Lyle Lovett）、崔斯・艾金斯（Trace Adkins）、麥可・麥當勞（Michael McDonald）、凱莎（Ke$ha）、佩蒂・葛瑞芬（Patty Griffin），以及許多明星的演藝事業。

李維坦是觀點強硬且有話直說的人，在考慮簽約新藝人時尋找的是「突破僵局者」（tie breakers）。「在僵局中獲勝（Win the ties），這是我的人生觀，」他告訴我們。任何特定的廣播電台一週只能增加十五首或更少歌曲，身處在這樣的領域，唯有「突破僵局者」（又稱為十倍力者）能付出超乎別人期望的努力，並且為了爬到夢寐以求的位置更加勤奮。

「我首先想了解的，」他補充說，「是，你知道嗎，他們想不想做這個工作。因為我們在一個非常競爭的行業，尤其是對年輕客戶，而且不管音樂多好，如果他們不想做這行，你（別人）可以輕鬆取代他。對於新進藝人，他們將有兩年不會得到酬勞。這行業很辛苦，投入很多時間，還要長時間與家人分開。但是，你必須在僵局中勝出。」

李維坦認為，堅定的職業道德是「成功衝動」的另一面，會遏止「破壞衝動」進行破壞。將近有十幾次，他必須拯救麾下需要接受藥癮和酗酒治療的藝人。他應付的是無比自負的人，這些人表明全世界都會奉承、支持他們所有的決定。他甚至必須與陷入輿論抨擊、被廣大觀眾疏離的客戶打交道。只要這些客戶願意努力工作，李維坦就不會放棄他們。

李維坦是訂製管理的大師，他把自己當成「雞婆的」變色龍。「你必須了解他們、他們的家庭生活、他們的老婆和小孩，還有其他所有的事。真的，你必須成為他們家庭額外的一分子。」

身為威克特經紀公司（Vector Management）在納許維爾（Nashville）、洛杉磯和紐約的創辦人及共同總裁，李維坦不僅管理旗下的藝人，同時也管理許多經紀人和支持他的工作人員，年輕、年長的都有。如同審視藝人，李維坦總會仔細觀察潛在夥伴基本性格中的「成功」與「破壞」。

「每當你喜歡的新經紀人到職，你不只看他們在這個行業的知識深度，還必須問：『這個人真的有搞定藝人的能力嗎？』你必須臉皮厚點，因為藝人會突然對你發飆。你可以徹底改變他們、讓他們冷靜下來，並且理解你的看法嗎？我真正引以為傲的並非一出道就超級成功的人，而是那些起初失敗、但與我們堅持下去，最終創造成功的客戶。身為經紀人，你必須準備好隨時處理不能放棄的情況。你可能失敗，而你的藝人會對你大發雷霆。你可以不氣餒並堅持不懈嗎？」

李維坦的諸多問題不僅僅跟經紀人及他們的藝人有關，同時也點出許多人對自己員工和工作團隊會出現的問題和感受。

啦啦隊長、策略家、變色龍、交通警察，以及積極敢為的生活教練——無論是團隊領導者或管理者，必須身兼所有角色，帶領超級人才遠離「破壞」，邁向「成功」。

「記得某張專輯大受歡迎後，有一次我向新唱片公司簡報，所有人都在場。突然，其中一位高階主管說：『沒錯，但這些傢伙還能賣出任何門票嗎？』我當場取消那個會議，並回道：『聽著，如果你認為我們賣不出票，那沒什麼好談的。』然後我走出去，在十到十五個城市安排了一連串的表演，都是三千個座位的低調演出。因為我知道門票在十三秒內就會秒殺，這個舉動讓唱片公司徹底改觀。」

因為李維坦身兼兩職，不僅管理頂尖藝人，也管理一組經紀人，他的變色龍本領具有雙倍的彈性。最重要的關鍵就是訂製。「就某種意義上來說，我們培育了很多人，因為他們在這裡從實習生或類似的職務開始幹起，而二十年後的現在，我們希望他們能成為優秀的創業家。但願他們可以，因為他們受過正規訓練。」

憑著最早成立自己的數位團隊、巡演行銷及樂團行銷部門，以及全公司跨部門人才協力合作的經紀公司之一，李維坦正在改造這個產業。如同許許多多我們交談過的頂尖領導者，他會定期為自己的員工舉辦教育專題討論會，反覆思考訂立商業協議、合約及建立關係的較佳時間及要點。

跟他的藝人一樣，李維坦旗下經紀人必須有十倍的職業道德。「我們這裡有位年輕女性，在參加西南偏南藝術節（South by Southwest，SXSW。每年在德州奧斯汀舉行的一系列電影、互動式多媒體和音樂的藝術節與大會）前，會聽完預定在那表演的每一支樂團的每一張試聽帶，將近兩千首。這就是我要找的堅持不懈。我們一開始給她比較好帶的藝人，接著會再給另一位藝人，五、六年後的現在，她已經成為一名非常成功的年輕經紀人。」

我們要說的是，「破壞衝動」具有毀滅性；「成功衝動」具有感染力。

「用腳射擊自己是一回事，只是不要重新上膛。」

——美國參議員　林賽・葛蘭姆（Lindsey Graham）

管理的本質

對於訂製的管理，我們必須特別強調判定潛在客戶、同事、投資者或同行在「可管理性連續體」上的位置，這非常重要，而且要盡快。

雇用不適任員工的代價是無法估量的，不僅僅是在財務方面。一名老鼠屎員工對公司文化和團隊士氣造成的有害影響，也可能導致整個經營嚴重受挫。當然不用說，若是招募太倉促，你會發現日後與錯誤的應徵者互相配合工作的可能性突然大增。有壓力的狀態下，企業往往過度聚焦在硬技能上，並問：「這名應徵者能完成交辦工作嗎？」而真正要問的應該是：「他們有沒有必要的『成功衝動』，幫助我們發展公司文化、計畫、任務和價值呢？」

略過第二個問題，就得自行承擔風險。雇用不適任員工的代價，甚至可能對你的荷包比對團隊文化帶來更嚴重的殺傷力，而掀起的漣漪效應可能擴散得更廣。根據求職網站Undercover Recruiter 最近公布的訊息圖表❶所做的解釋：從雇用、到職、報酬、破壞性成本（disruption costs）、員工錯誤、錯失商機，乃至其他更多因素，企業將感受到自己在無數方面耗損財務。

藉由說明這些因素，Undercover Recruiter 估計雇用一名不適任的員工所要付出的總代價超過八十萬美元，而這只是以此員工年薪六萬二千美元，且在兩年半後離職計算。對於更資深的職位，代價肯定更大。

用這樣的代價來推斷大企業的負擔，我們談的可是巨大損失。薩波斯（Zappos）執行長謝家華（Tony Hsieh）公開表示，不適任員工害他公司損失超過一億美元❷這簡直就是大破壞。當然，並非所有不合適的雇用都與破壞本能直接相關。儘管如此，避免雇用到不適任員工，只是聰明的公司選擇聘請十倍力自由工作者的其中原因，他們也想迴避需要時間進入狀況，且很難擺脫的不適任員工所造成的負面影響。

考特・高史密斯（Scott Goldsmith）是Cities and Transit for Intersection的總裁，這家公司是美國最傑出的智慧城市技術和廣告公司，負責全美各個城市的數位廣告。

身為公司招聘業務的第一線高階主管，在承受不起意外事故的情況下，高史密斯認同大部分的「成功」和「破壞」衝動都是與生俱來。「有些人天生就是成功者，有些則是天生的破壞者，」他說，「在任何一個團體，有一〇%的人是真正的破壞者，這些人無法達成目標、傷害公司文化、老是做一些令公司質疑的事。另外，有一〇%的人對自己做的事充滿熱忱，這些人願意承擔風險、具有求知慾；他們齊心協力，同時維護公司文化。通常面試不到五分鐘，我就能辨別是不是這兩個族群的人。」

高史密斯畢業於福德漢姆法學院（Fordham Law School），做過房地產、都市分區規劃及公司法務，且在土地使用、歷史保存和環境議題擁有豐富經驗。他也擔任紐約市旅遊會展局（NYC & Company）的董事，這個機構負責城市主要行銷、觀光及合作關係。高史密斯認為成敗皆看面試的表現，因為「破壞衝動」並非那麼容易調整。

「我不認為你能讓暴躁的人變得性情穩定。就最底層一〇%的人而言，破壞已牢牢根植於他們的個性，而我不是績效改善計畫（performance improvement plan，PIP）的狂熱支持者。九五%的時間他們過不了關，即使他們真的過關了，你只會對他們不是真正適合職務的人選感到抱歉，因為你不想讓人力資源部門苦惱。位在底部一〇%或一五％的人，極少突然躍升到頂部的一〇％。你充其量只能幫助他們提升至中間，而他們能在不妨礙的情況下做出貢獻。」

高史密斯對八〇％的中間族群樂觀多了，這些人身上帶著混合的衝動。「他們可以改變。我看過一些例子，就發生在卓越的領導者身上，他們明白自己的位置是啟發先前不成功的團隊和個人。我們最近雇用了一名負責本地銷售的新主任，接管連續七季都無法達成目標的團隊。透過訓練、團隊活動、獎勵及更努力的工作，他們已經連續四季達到正成長。」

當然，衝動不會在一夕之間轉變。「最大的改變是……領導者很努力地幫助團隊中的人改變他們的思維方式，他們現在對信心有了新的領悟。」或者用我們的說法，他們對成功有了更大的衝動。

高史密斯仍堅持，如果能在招聘時防患未然，你就必須要這麼做。他形容自己是訴諸感情的面試官，而非「數據專家」，假定在新應試者裡，他最想找的是具有「能」或「會」比任何管理者更願意督促自己的特質。

「我一直在尋找將自己視為獨立思考者、而非團隊一員，並且樂於挑戰現狀的人。」基於這點，他為了深入問題核心，發明一種超簡單但幾乎不會出錯的方法。「我會問潛在的新雇員一個問題：『從一到十來評估，你覺自己有多怪？』而我從未雇用低於七的人。」

很多人回答不出來，這不令人詫異。「有的人問：『您說的怪異是指什麼？』有的則回：『我不明白這個問題。』這不是好現象。」

不過，高史密斯認為滿懷信心回答的人，能顯露某些他們與生俱來的本性。「回答十的人，我就不打擾了，他們可能會怪到難以應付。五或低於五是無聊空泛的答案，這麼回答的人真的不會激起我的興趣。但回答七、八或九的人，他們是我希望能為我工作人，他們知道自己想法有點不同。我需要團體裡的人有創意、聰明，並願意像這樣忠實面對自己的人。」

高史密斯認定的「怪異」也許與高情商有部分關係，因為後者是認識自己及確認自己實際感受的能力。無疑，低情商是「破壞衝動」的核心和化身。不知道自己感受的人無法保持冷靜，而這樣的人不會聽從有用的建議。

馬克．布雷克特（Marc Brackett）是耶魯大學情緒智能中心（Yale Center for Emotional Intelligence）創始主任，同時也是耶魯大學醫學院兒童研究中心（Child Study Center）的教授。他最近這麼說道：「所有公司的每位執行長都應該想的一件事是，管理公司的那些人是否都有高情商，而底下員工的感受又是如何？」[3]

員工感受也許不是老派主管最關切的事，但辨識可管理性卻非常重要。有一點必須補充，「可管理性連續體」在職業生涯的每個階段都有作用。「破壞衝動」可能會擊垮新人，但如果不細心謹慎，這種衝動也可能使經驗豐富的員工反抗管理。有個現象有時會因為成功而浮現，也就是「晚期破壞衝動」。我們見過在晉升過程中很願意聽從建議的人，一旦升到某個階層，他們就聽不進任何建議。

我們遇到這種情況的次數比我們想承認的還多，故事幾乎都以同樣的方式結束。我們舉薦一個滿懷熱忱的新客戶，然後他吸取了我們希望使他邁向第一階段成功的好建議。特別是對音樂人，成功伴隨著很多人的「耳語」，稱讚他們有多麼出色和他們的音樂帶給自己多大的影響。大多數的藝人都會掉進這種陷阱，盡情享受崇拜，而且開始相信權力和榮耀，一切都是自己創造來的。比你念出「自大狂」還快，他們已不再聽從顧問的指導。從這開始，情況立刻開始變糟。

通常會發生以下兩種情況的其中一種：一、他們醒來並意識到自己把原本運作良好的一切都搞砸了。或者，二、他們推託並開始大肆指責不同團隊成員及其他人的缺點。將聲勢急速下墜的藝人從極端自我主義的睡夢中喚醒絕非易事，他們通常要到墜落地面且為時已晚，才會看清現實。

另一方面，有一些難得的藝人一直都待在遊戲中，久到足以超越他們最初的成功。李維坦以善於幫助老藝人擺脫晚期職涯的窠臼而聞名，他發現老藝人通常更願意檢視自己的盲點。「這些已有成就但不再那麼成功的人往往會虛心傾聽，你可以坐下來並坦誠地談事情。我有一個客戶過去從不授權自己的歌曲，他們放著數百萬美元不賺。我耐心等，最後當他們不像以往那麼受歡迎時，我在交談中對他們說：『聽著，我了解你們的顧慮，但這是讓人們有機會再次聽到你們音樂的一種方式。』這個客戶改變了態度，並且願意授權。」

在晉升過程中，聰明年輕的十倍力者了解他們需要管理方面的長期指導，才能朝著自己最大的潛力及最深的滿足前進。經驗豐富的十倍力者更清楚這點，他們方能倖免於「破壞」的可憎力量。

可管理性測驗

如同高史密斯，每當審視什麼是我們認為可能的新十倍力者時，我們總會問一系列可能顯示細微指標的問題。這個程序告訴我們了解自己代理的每個人各種各樣的細微差別有多麼重要。我喜愛嘗試並沉浸於繁瑣的細節，而且愈深愈好。

就像婚姻一樣，成功並非取決於你們相處有多融洽，而在於多不融洽。我們希望了解十倍力者如何處理任何棘手的問題。具體來說，我們專注於三個方面：

一、潛在的十倍力者如何妥善處理他們自己造成的重大過失？

針對這個問題，我們嘗試揭露幾種情況：

- 就負責任的行為本身，他們有沒有在從容的時間下找出自己真的且確實搞砸的例證？還是捏造一個能有「寬厚結局」的故事，狡猾辯稱真的不是自己的錯？
- 事發當時，他們承認全部過失？還是試圖把一部分肇因推給其他當事人？
- 他們立即承認過失？還是對負起全責有所推遲？
- 他們如何收拾殘局？直接、迴避，或者掩蓋？

二、當上司或客戶要求他們做某件他們認為不恰當的事，潛在的十倍力者會如何處理這種情況？

此處，我們希望揭露他們解決問題與溝通風格的特徵：

- 他們會先嘗試了解為什麼上司或客戶無論怎樣都想做自己想做的事嗎？是否有充分的理由？
- 如果他們認為這個要求的理由不充分，他們如何設法解釋或不解釋為何自己覺得應該換個方式來做？
- 如果他們無法使上司或客戶相信自己的看法，儘管認為有差錯，他們仍舊按照要求去做？還是嘗試用新的或更好的方式再解釋一次？
- 到頭來必須採用次佳的解決方案，他們會做任何事來保護自己嗎？簡單點的如電子郵件聲明，「我將依照要求辦理，但必須先載明可能的不利因素。」

三、什麼是潛在的十倍力者自認最大的弱點？

最後這題看似簡單。答案可能揭露十倍力者的多元樣貌，比如：他們所說的弱點有多少可信度？他們容許自己承受多少責難？你面對的是為自我意識奮鬥、且試圖從過去缺點中尋求改進的真正十倍力者？還是才能和擁有的技能高過自己情商的人？

除了經驗豐富的「蜘蛛預感」（Spidey sense），我們的面試流程還包括許多問題，但這三題是非常好的指標，可以告訴你某人位在「可管理性連續體」上的哪個位置。

本章重點

一、尋找人才位於「可管理性連續體」的位置，優秀的管理者能看出真正的十倍力者，或可能成為十倍力者的人。

二、「可管理性連續體」是一條從「成功」開始到「破壞」結束的弧線，經驗豐富的管理者能了解人才可能被「成功衝動」或「破壞衝動」支配。

三、「成功衝動」是做出積極選擇的內在意向，能帶領人才朝著自己的目標前進。

四、「破壞衝動」是基於否定的循環，會在不經意間危害成功的機會。

五、「破壞衝動」會損害每一個關係和事業。發現這類衝動時，記住：死命地逃。

六、「成功衝動」可以被立即認出，但也可以培養及加強。

七、因為成功，可能還會浮現「晚期破壞衝動」。

八、「成功衝動」的關鍵，是在職業生涯的每一個階段欣然接受堅強的管理。

Chapter

4

超級遠見卓識者

「因爲我站在其他有才能的人肩上，我才能建立自己。」

——麥可．喬丹（Michael Jordan）

十倍力人才展現出前所未有的力量，且影響力無處不在。到目前為止，我們已說明了新工作領域要如何改變管理風格，也用實例說明了十倍力人才期待被視為擁有獨特需要、渴望及欲望的全人。另外，十倍力者知道自己的投入對企業能繼續生存至關重要，因此愈早明白自己不能沒有他們愈好。

我們也嘗試說明上司、聘雇代理或管理者如何發掘可能的十倍力人才，首先必須了解此人在「可管理性連續體」上的位置，從而探知隱藏的強大衝動是朝成功或破壞前進。這種本能性欲望（即內在驅動力）最常表現在該人才尋求、理解及利用可靠回饋的能力。事實上，可管理性這項能力就是潛在十倍力者應具備什麼條件的最佳體現。缺少它，沒有人能成為十倍力者。

這是一連串必須適應的複雜改變，所有前面談到的都只是開始。因為一旦管理者與人才最終建立適切的關係，管理者至少必須充任有遠見卓識的角色。事實上，他們必須是我們所謂的「超級遠見卓識者」（Super Visionary），做好準備且能展現兩種各自獨立、但暗地協同合作的「洞察力」：

一、未來洞察力：管理十倍力人才的職涯發展時，能夠預見問題與預測結果，預先考慮死路與快速通道，透過策略性且有創意的規劃實現成功，並始終以人才能接受、理解與利用的方式將其傳達給他們。

二、內在洞察力：能夠集中注意力在十倍力人才的盲點、尚未察覺的弱點，並提供他們可以理解的改進途徑。將焦點轉回到核心強項上。每當超級人才漫無目標、不知變通而陷入「死胡同」或「追求新奇事物」時，務必要讓他／她知道。

「超級洞察力」聽起來難以想像，那是因為真的很難。就像老派上司不必在乎真正的你，老派管理者不必關心你往哪個方向走，更不用說你想去哪裡。今天，無論你的人才是國際知名藝人或程式編碼高手、事必躬親的實幹家，或超級點子王，假使你不夠好，沒有這種洞察力，都不足以幫他們贏得下一個難得的機會，或撐過下一回專案。

十倍力者也期望職涯永續發展，獲得逐步升級的意見回饋，以及能持續改進，他們將被那些在一次又一次的專案上帶領得當，乃至季復一季、年復一年指導有方的領導力（者）吸引。

新創公司的水晶球

上一章我們介紹過強納森．洛文哈，他是「樂在工作」的創辦人之一，這家總部位於舊金山的公司賦予自己的終極使命是：為羽翼漸豐的新創公司預測結果，以便幫助他們漸趨成熟而不會崩潰。這真的很不容易，因為新創公司的自毀率接近百分之百，且居高不下。

洛文哈能從「未來洞察力」預知結果，這是他的客戶極度渴望擁有的能力。

「這些剛起步的新創公司向我們求助的原因很簡單，」他解釋，「我們已經見過許多用例（use case），並且拯救了他們。而這樣的經驗使我們能提前看到他們看不到的。打個比方說吧，你是一家全新且極小型新創公司的執行長，正試圖完成第一筆真正的大交易，假設正在努力爭取亞馬遜成為你的買主。你一生從未與《財星》十強公司協商。好吧，我有，而且很多，我的幾個合夥人也是。在搖擺不定的那九個月期間，我們沒有預先看到、或無法預料會發生什麼情況的可能性真的很低。我不在乎你讀了多少有關企業銷售的書，我們的智謀可能比你一整天下來的談判策略還技高一籌。」

洛文哈也從「內在洞察力」預知結果。他的公司帶領著任何有潛力、剛起步新創客戶通過嚴酷的「約會期」（dating period）；在這期間，他們會提出嚴厲、有時挑釁的問題，藉以評估羽翼豐滿的執行長能夠忍受指導到何種程度。「樂在工作」甚至還聘請社交情感輔導員來協助分辨人格質疑（personality challenges），這種質疑被放大時會產生不同程度的不安全感、自我防衛、憤怒、失去耐性等負面狀況，同時可能衍生諸如成癮、依賴、長期疲勞等等問題），確實也能發現盲點。

「我們與合作的其中一位新任執行長認識時，他的公司才剛成立不久，現在發展得相當不錯。但我們很快發現這位執行長有一種模式，也就是一大早很容易發脾氣，他自己卻並未察覺。進辦公室後，他會把第一個見到的人K得滿頭包。在情緒上、理智上，他會猛K第一個出現在面前的人。下班前當怒氣開始消退時，他總會理解到自己造成的傷害，並覺得自己糟透了。最終必須四處向人一一道歉，而員工也選擇暫且原諒他，因為員工相信他是個好人。不過原諒歸原諒，但團隊士氣總會受到打擊。」

看出典型的「內在」破壞模式後，洛文哈介入並提出建議。「在一次一對一的會談中，我對他說：『這就是你現在的行為。承認嗎？因為這是我從外部看到的情況。』」

事實上，這名執行長的確承認，但洛文哈為了讓訂製管理發揮效用，會談不能就此打住。

「我說：『我猜你不是只有在工作中會這樣，這種行為應該也發生在你的私人關係和感情上吧。』這名執行長像是不敢置信的回道：『是啊……哇！』我接著說：『你快要有小孩了，難道你希望這個模式也暴露在小孩面前嗎？』」

進行這樣的討論並不容易，但洛文哈為了協助引導公司成長，知道自己對於一個人所遭受到的預知心理制約（pre-cognitive psychological conditioning）無法做到睜一隻眼、閉一隻眼。當面對客戶實際受到最沉重的打擊時，會令老派主管感到極度不安的是，在新領域中有義務成為訂製的管理者。「新創企業是一段孤獨的旅程，」洛文哈說，「每件事彷彿都跟存在有關。你整個被眼前艱鉅的工作吞噬，以至於無法思考即將發生的狀況。不過『樂在工作』教導的前提建立在，八〇%的時間裡所有新創公司都會歷經同樣階段，也就是成熟的六個階段。」

這六個階段使一家公司從定義顧客、開發產品、發展商業模式、界定通路、成長到成熟。這是一個複雜的過程，不過就我們正在討論的議題，必須說明的是洛文哈和「樂在工作」已經發展出這種模式的辨識能力，以便更準確地推測未來結果。

「如果能誠實面對身處階段，」洛文哈表示，「你就可以誠實規劃發展方向。」

「全世界的騙子都無法打敗一個人：內心裡的那個人。」

——美國前衛作家　威廉・布洛斯（William S. Burroughs）

看穿分隔在第二區的窗

「未來洞察力」旨在審視未來，「內在洞察力」意在細察「破壞衝動」的近親，也就是積習已久的盲點。這兩種類型的視察能力如何發揮協力作用是很不可思議的。透過揭露各個人才無法自行察覺到的個人包袱、障礙、被錯誤引導的渴望，以及未公開承認的弱點，你可以提高他／她未來面對時的處理能力。

對我們來說，唯有透過我們信賴的顧問洛文哈，才能看出其中的盲點。過去在音樂產業多年，憑藉膽識就如同使用數據一樣重要，我們正嘗試將相同的一套方法應用到代理科技人才上。藉由一系列精心建立的對話，在過程中洛文哈會指出弱點，或許更重要的是，清晰地描繪出數據驅動的行銷計畫能創造什麼樣的光景，而我們也看到了曙光。一開始並不容易，畢竟誰想拋棄自己的直覺，尤其是在同行裡充當最主要的導航者近二十年。這是艱難的體認，更難的是在實踐中適應。目前在這方面我們有很大的進展，而且能夠同時使用落後（lagging）及領先指標（leading indicators），協助自己為這些領域導引方向，並從更有利的位置做出決策。

認識盲點最重要的一件事：每個人都有各自的盲點。如同史蒂芬·史托斯尼（Steven Stosny）博士在《今日心理學》（*Psychology Today*）提出的，「情緒被激起時，我們的大腦只是沒有傳送準確的自我評估，致使我們過度專注於環境中可能存在的威脅。」[1]

基於這點，精明的管理者會要求自己熟悉「喬哈利窗」（Johari's Window；將人想像成一扇窗，並等分成四個區域，藉以描述從自己和他人的角度，在了解或不了解的前提下所形成的認知差異，也就是自我開放的程度）的四個象限：

（一）、開放／自由區（Open／Free Area）：你了解自己，並讓其他所有人了解你。

（二）、盲目區（Blind Area）：別人了解你，而你自己不能，也就是所謂的盲點。

（三）、隱藏區（Hidden Area）：你了解自己，而別人不能。

（四）、未知區（Unknown Area）：沒有人能了解你，包括你自己在內。

這套模型最早發表於《團體發展西方訓練實驗室會議論文集》（*Proceedings of the Western Training Laboratory in Group Development*），是由美國心理學家喬瑟夫・魯夫特（Joseph Luft）和哈利・英格漢（Harry Ingham）於一九五五年共同發展出，當時他們正在加州大學洛杉磯分校進行團體動力學（group dynamics）研究。如同 Businessballs 在其官網上的描述，「由於現代對軟實力、行為、同理心、合作、團際和人際發展的重視，喬哈利模型在今天尤其有其相關性及影響力。」[2]

就我們討論的議題，喬哈利窗的第二區是一個陷阱，代表了無知和自欺的區域。第二區不僅代表我們對自己的隱瞞，有時因為我們無意識地迫使他人將我們矇在鼓裡，也可能包含了他人刻意對我們的隱瞞。作家潔西卡・史特爾曼（Jessica Stillman）最近在「好奇心知識視訊網」（Curiosity.com）上一個關於喬哈利窗的討論中表示，「那些帶著超大『盲點』框框的人可能對自己的個性缺乏洞察力。譬如，他們可能沒有像別人所見到的那樣，清楚看見自己的侵略行為和需求。」❸

當侵略行為和需求浮現時，堅強的管理階層必須介入，如同洛文哈。而我們也和並非總是適切看待自己成員的團隊領導者合作。有位名叫阿罕默德（Ahmed）的創業家是我們很喜歡合作的客戶，他負責一項數百萬美元的遊戲軟體開發。阿罕默德很有才華、充滿魅力、勇敢且受歡迎，但就所有能力來看，他總是限制自己做想做的事，尤其在自己的公司。他對於自己建立了一個小帝國感到自豪，以至於自尊心相當脆弱。每次感到威脅時，他就會猛烈抨擊最想幫助他的人，像是他的團隊成員和共同主管。在董事會的會議室裡不只一次意見紛歧的爭吵中，阿罕默德像個受傷的小孩般高聲嚷道：「我發明了這@#$%，搞砸了也是我的事！」

他底下最優秀的人會慢慢……但肯定不會（敢）靠近他。他的態度是他自己最大的致命傷。

我們知道讓阿罕默德注意到自己的行為模式很困難。就像 Businessballs 提到的，「『厚臉皮』的人往往會有很大的『盲區』（blind area）。」意思是說，面對盲點可能要揭露更多實情、令人更難堪、帶來更大破壞。但阿罕默德花錢聘請我們提供職涯建議，這就是我們的工作，而且必須完成。問題是，他有勇氣聽嗎？我們觀察到一種情況是，儘管對象經常沒有察覺到盲點，在向他們提出時，並不會讓他們感到出奇意外。對很多人來說，他們知道盲點對自己生活造成影響的衝擊力，只是沒看見行為本身，因此無法聯想到後果。從外部的角度來看，他們可能會突然說：「原來這就是為什麼這些事總是發生在我身上！」

我們對阿罕默德抱有信心。我們請他坐下，並盡可能用最溫和的措辭；針對成熟大人不該有的破壞行為，我們制定了由四個部分組成的計畫。他知道我們不是鬧著玩的，但知道自己必須改變是一回事，能不能做到又是另一回事。

如同真正的十倍力者，阿罕默德被激發了成長的動機，一次又一次的會談且日復一日，他不僅開始更加尊重自己的人，也開始從格局上理解自己的位置。他不只是一名出色的發明家，更受到很優秀的團隊支持。與其說阿罕默德是整個「經營團隊的發想者」，倒不如說他是不可或缺的一分子。

最重要的是，他領悟到在備受挑戰時，其他人對他的質疑並非針對個人。更確切地說，他們有異議的是他提出的想法。他總算了解（我們只是輕輕推他一把），回饋每次都會讓他的想法更為堅定。

他也開始了解，如果「完全只按自己的想法」做事，就不能期待團隊裡還有誰會積極協助建立產品，團隊成員會覺得被貶低和低估了。

隨著成長，阿罕默德履行的改變很快就為他的公司帶來更多及更好的機會。邁向更高的情商迫使他離開自己的舒適圈，而且就像有時會發生的，他意外地，幾乎是不可思議地獲得了一個重要的新客戶，委託的流行童用商品也為他的業績帶來顯著利益。好消息是，他現在知道如何通情達理地管理一切事務。

喬哈利窗的第二區並非始終都與單純的不良行為有關。任職Ivy Exec職涯教練（Career Coach）的亞力山卓．史雷特（Alexandra Sleator）絕妙地將「影響實力的不利因素」列為許多人的主要盲點，她寫道：「這和過度發揮我們的實力有關。當我們發揮實力，事情通常會解決。不僅僅是因為我們做得好，也因為實力就這麼自然地展現，所以往往覺得容易。好是很好，但危險的是，可能會因此掉進各種情況都要發揮具體實力的陷阱，包括那些不相干的情況。還有一個危險是，發揮實力的行為開始感到沉重、愈來愈不順暢，通常在精力耗損時會有這種感覺。發揮實力會使我們的精力從充沛走向殆盡，給你一個提示：能量流（energy flow）的改變。」史雷特建議：「少用一點實力，適度即可，就像好酒一樣！」

訂製的管理者肩負的其中一個主要職責是，保護被他／她管理的人不會因為過度發揮實力感到精疲力竭。一位睿智的教練曾告訴我們：「如果你看見有人因為肯花時間在健身房而把肌肉練得非常健壯，你會被他們的全力投入感動。可是，如果他們一直緊繃著自己的肌肉四處展示，你的感動就會少一些。」實力是一種真正需要的時候才展現的東西。

優秀的管理者會將「未來洞察力」和「內在洞察力」當成照亮道路的兩道光束，但都須倚賴每個人直接面對負面狀態（如：否定、批評、消極、痛苦……）的意願。「未來洞察力」有時不只跟希望未來賺進幾桶金的幻想有關，有時也意味著必須保護十倍力者不會進入危險的鄰近地帶，或陷在那裡。

舉個例子，我們有個科技客戶被安排到還未完全成立的電子商務公司，情況都算順利。他為他們建了一個應用軟體，他們也很喜歡這套完成得相當不錯的成品。儘管如此，如果在商業界打滾了二十年，你會有預感，而我們的預感告訴我們可能出了狀況。

跡象很不明顯，但每次我們與這家公司的執行長聯繫，他回答我們問題的口吻就是感覺不太對勁。事實上，我們甚至無法確切記得是什麼觸發我們的「蜘蛛預感」。這可能不得不與我們當初在簽完合約且工作順利進行之後，他不斷要求延長付款期限有關；要不然就是他跟我們說話時，可能因為態度粗魯、急促的緣故。或許都不是，但就是某個地方出了差錯。

有鑑於此，我們請客戶過來一趟，他告訴我們應用軟體大約建好了一半。經過商討後，我們建議他在公司付清積欠的酬勞前，不要再交付任何寫好的程式。我們也建議他示範已經完成的部分，讓他們可以看到進度，更深刻地意識到他的價值。記住，要展示，而不是講述！

「未來洞察力」的展現

0倍力公司	• 沒有為自己的團隊或個別成員創造或審視長期目標。 • 對短期議題和需求採取行動及做出反應。
5倍力公司	• 對自己員工的目標有些許了解，並為團隊設立目標。 • 有簡單明確的方法可以依循時，會在正確的方向上輕推自己的員工一把，但很少隨著進展預先考慮到即將面臨的路線修正。
10倍力公司	• 分別與團隊中的每位成員坐下來，確切了解他們各自在個人及專業上的短期和長期目標。 • 制定計畫來幫助他們實現這些目標，同時確保這個計畫與組織目標能夠密切結合。 • 知道個人和組織目標哪裡偏離，且一定會向個別成員解釋什麼可以或無法實現。 • 始終盯著前方道路，盡可能覺察個人及團隊目標可能即將遭遇的障礙，以便提醒團隊成員注意，並為他們導引方向及修正路線。 • 告訴團隊成員如何共同保持一致步調，以便創造內在動機。

我們更主要的想法很簡單：如果越過道德底線，我們至少有一個讓他拿到報酬的籌碼。不出所料，與客戶會面結束後不到兩週，我們得知這名執行長已經被捕，正是因為詐欺！情況就是這樣。

是的，我們的客戶拿到他應得的，不過因為透過審視未來並創造附加的影響力，我們才能對災難做好準備。「守住撰寫出來的程式做為抵押，」因為合作關係已然亮起紅燈，但當「未來洞察力」告訴你未來看起來很險惡時，這是最後的辦法。

你想成為搖滾明星嗎？

過去娛樂圈、而後新創公司感受的真實情況，正迅速擴散到當今所有企業。任何事業的未來都充滿不確定性，且失敗的機率非常高。必須要有睿智的指導，而聰明的人知道如何利用它。

昆丁．塔倫提諾（Quentin Tarantino）執導的《從前，有個好萊塢》（*Once Upon a Time in Hollywood*）有一幕令人十分難忘，這一幕戲劇性地描述了客戶的不確定感。當能言善辯的藝人經紀人馬文．史瓦茲（Marvin Schwarzs，艾爾帕西諾〔Al Pacino〕飾演）告訴自己的客戶瑞克．達爾頓（Rick Dalton，李奧納多狄卡皮歐〔Leonardo DiCaprio〕飾演的一名上了年紀的電視、西部片影星），未來將是義大利式西部片（Italian Western）的時代，達爾頓整個人大崩潰。他一個字都不信，在他聽來只有自己沒戲演了。會議結束後，他毫不隱諱地放聲痛哭，感嘆自己是個過氣的明星。但在現代觀眾的認知，義大利式西部片有一天將會被視為他們時代最偉大的類型電影（genre film）。

優秀的管理者敢於用一種你尚未準備好探索的方式細察未來。對流行樂界超級經紀人李維坦來說，這項預測能力必須透過即時的彈性及不斷的重新評估來強化。

「當然，我們會為未來排定計畫，並說服我們的藝人。他們有時會同意，有時不會。有時他們是對的，而你錯了，他們可能有你還無法理解的預感。你同時需要短期和長期目標，但最重要的，你必須靈活，因為有些你料想不到的情況會忽然發生。音樂這行過去就像六或七片組成的兒童拼圖，而現在像有九百片那麼多。假如突然在某個隨機的地方，你安排的表演出奇成功，你必須能夠前往處理。」

李維坦講述了獲得葛萊美獎的創作歌手南西・葛瑞芬（Nanci Griffith）在海外迅速成名的經過。「我們努力在美國捧她，進展還算順利。接著，她在愛爾蘭的一次電視演出讓她爆紅，一夕之間猶如變成當地最大牌的女藝人。這個情況也轉移到歐洲其他地方，她在那些地方的表演真的非常精采。而我們十分敏捷地趁勢操作，因為我們夠靈活。」

在另一個類似的故事，李維坦提到里昂王族與RCA唱片公司簽完約數週後才發現，這家唱片公司幾乎全部的人都即將遭到解雇，包括他們所有最優秀的員工。「我告訴自己：『（身兼總裁和執行長的）克里夫・戴維斯（Clive Davis）一定不認識這個樂團。』這是車庫（garage；一種搖滾樂風格），而里昂王族有個令人難以置信的故事：他們的父親是一名被趕出教會的五旬節教派（Pentecostal，又稱聖靈降臨教派）牧師。但我們沒有唱片公司支持，我不知道該怎麼辦。」

憑著直覺，李維坦跳上一班飛往英國的班機，除了一張試聽帶和一份電子新聞資料袋，其他什麼都沒準備。他面試了一批公關人員並雇用當中最優秀的；很快地，英國最重要的音樂雜誌《新音樂快遞》（*New Musical Express*）在接下來十二個月的每一期都刊載有關里昂王族的特寫。這使他們成為美國境外的大明星，也為他們最終在美國大紅大紫鋪好了路。「是的，你必須有策略，」李維坦補充說，「不過也要抱持開放態度，並且細心留意所有選項。」

展現「未來洞察力」絕非易事，特別是李維坦這種階層，他堅持挑選已有內在自我意識及強烈藝術使命感的藝人。「肯定會有衝突，而且你知道嗎，最終這是他們的事業，不是我的。他們只有一個事業，會怎麼樣是他們的選擇。最重要的，你必須讓他們了解這是呈現弧線發展的事業。我們一開始會教人謹慎管理財務，把錢存起來並編列預算，因為你無法知道事情會往哪個方向發展。」做長遠打算是管理的黑帶技巧。

有時就像史瓦茲對達爾頓一樣，重要的是讓客戶做他們最擅長的事，只不過換到了令人不安的新領域。「我與肯尼・羅傑斯（Kenny Rogers）談到音樂節，」李維坦說，「我希望他在波納羅（Bonnaroo；美國最盛大的音樂節之一）表演，他以為我瘋了。但這個音樂節最終成為最成功的其中一件大事，吸引了五萬人，一群年輕人齊聲合唱〈賭徒〉（*The Gambler*；收錄於肯尼・羅傑斯一九七八年發行的專輯《賭徒》）那是一個真實的剎那。」對於他長久以來追求的事業，這是全新篇章的開始，與喚起青春活力有關。

很大程度上，「未來洞察力」必須有足夠的經驗和信念，才能知道某些事態可能會如何發生及發展。

還有一些客戶，無論年輕或年長，都會「追求新奇事物」。在音樂圈，這可能是指太過努力想成為廣播上的熱門歌曲，或為了追求最新音樂潮流而損及自己的音樂特性。有時，這些藝人是受到唱片公司逼迫，這些唱片公司的最終目標就是那種難以企及的一夕竄紅。

李維坦始終擔任操控的角色。「你必須請你的藝人坐下來，並且說：『別這麼做。』寧可相信你的直覺，做長遠的打算，因為你可能一夜之間就失去信譽。」

非營利組織的棋局規則

無論你從事什麼行業，想走得遠一點，就須得接受瘋狂的訓練。如同西洋棋，這意味著思考接下來移動的六步棋……以及再後面的。從定義上來說，這需要深入的教育及更深刻的體驗，始終明白每走一步棋，遊戲規則就可能改變。小企業的新手創業家和自命不凡的藝人往往不會花很多時間培養這種困難的才能，這也是為什麼他們遭遇慘痛教訓時為時已晚的原因。事實上，究其核心，尋求管理方面的指導是獲取經驗的一種行動，能幫助你揭露自己的盲點並想出未來的計畫。

「待命音樂家」將現場演奏錄製成音樂帶，送到全美醫療中心病患的病床旁，麥可在共同創辦和建立這個組織所付出的努力為我們上了驚人的一堂課：與同性質的營利機構相比，非營利組織通常更善於策略規劃。為什麼？因為非營利組織不得不訓練有素。

他們必須要有計畫，通常是為了獲得認可及捐贈，同時董事會成員和捐贈者希望詳細且預先知道計畫是什麼。這種強制執行「未來」的組織以強烈的生存意識，全神貫注於未來。營利機構比較常依照當前收益來做判斷；如果這樣很好，那麼權益關係人就會忽略或看不到未來。

傑夫瑞・索羅門博士（Jeffrey R. Solomon，正巧是本書其中一位作者的麥可父親）是安德烈與查爾斯・布朗夫曼慈善基金會（Andrea and Charles Bronfman Philanthropies）的前執行長，很清楚「未來洞察力」具有稜鏡般的折光性，能為董事會提供多元面向的觀看視角。他曾在許多非營利組織任職高階主管，也擔任許多非營利組織董事會的董事，例如：雷奇塔格基金會（Leichtag Foundation）、金・喬瑟夫基金會（Jim Joseph Foundation）、和平工作基金會（Peaceworks Foundation）和糖尿病媒體基金會（Diabetes Media Foundation）。身為紐約大學社會工作學院（School of Social Work）碩士和博士課程的兼任副教授，索羅門博士了解「未來洞察力」意味的不只是發現，而且能說明客戶往往不傾向面對自己預先設想的後果。

「他們也許不會因為你的建議而報答你，」索羅門博士說，「我擔任某個計畫的諮詢委員會主席，才剛與這個計畫的主持人結束視訊通話。在通話中，我幫他看出付費服務的銷售所得，比繼續依靠幾乎百分之百的捐贈來得更具潛力。儘管這名男性很有才華，像這種重大的策略轉向不一定會在他注意到的範圍。」

缺乏信心的一倍力者會希望自己能夠看見未來，而真正的十倍力者知道這需要經驗豐富的局外人，訓練有素地幫助他將目光提前投射到遠處，掃視即將到來的機會。

「通常，」索羅門博士解釋，「管理階層並沒有真正意識到顧問、董事會成員、教練和其他能夠扮演這種角色的人的價值。他們認為自己會因為接受了好的建議而被視為弱者，而非強者。但他們錯了，睿智的管理者會查找聰明的預測並善加利用。」

索羅門博士指出，預測的需求將會加劇，數位經濟中的其他一切也是。「現今，五年計畫不如過去有意義，」他說，「世界變化如此快速，我寧可把時間切成不同片段來思考。」他將預測需求情況分為三大類：（一）、組織願景，通常是二十年的理想化預測；（二）、有助於指導組織的三到五年策略；以及（三）、反映（一）和（二）現實的年度營運計畫及預算。「未來願景會按漸進式的疊代／改版進行調整，但願會一直愈來愈好。等我或我的領導人員向委員會報告時，對於能為未來做好準備這個共同願景，我應該有信心。」

在營利上，「未來洞察力」必須與「內在洞察力」保持自然平衡。索羅門博士不只一次在揭露董事會成員、主管及同事的盲點時，發現自己的處境十分尷尬。

「與我共事的其中一名最優秀的社會創業家必須受到約束，儘管他的創業風格有其價值，但他對慈善事業的法律和道德體系缺乏了解及接納，以至於行為令人無法忍受。在我這行，『不自我交易』是最基本的原則。有些明確的準則是防止符合501(c)(3)條（即

「內在洞察力」的展現

0倍力公司	• 對自己的員工了解不多，也無法針對個人訂製流程。
5倍力公司	• 逐漸了解自己的員工並感到熟悉，但還不夠了解什麼能使他們受到鼓舞。 • 發現弱點且偶爾會對個別的人提出他們的弱點，但方法通常很笨拙。
10倍力公司	• 持續了解自己的員工，清楚知道他們的動機，以及他們完整的獨特性（好的與不好的）。 • 與員工緊密合作以徵求他們的回饋，並著眼於發現團隊成員的盲點。 • 能為個別員工提供與他們專業和個人成長最相關的見解，並著重於員工自己察覺不到的地方。 • 始終能用可被接受、有建設性、不帶威脅或懲處的方式向團隊成員提出這些見解，並且提供改善途徑的單一目標。

美國國內稅務局（IRS）所指定的非營利組織）的高級職員或董事使用他們任職的慈善事業資源，提供資金給非慈善目的的個人追求。」

索羅門博士接著描述一位正在寫書的高級職員，他將一名同事當做自己的研究助理。寫的書既跟組織任務沒有太大關係，也不歸慈善機構所有。任何預付款和相關收益都進個人口袋，索羅門不得不請他坐下來聊聊。

「那次交談……直言不諱了。」

管理者若能交織「未來洞察力」和「內在洞察力」的力量，全神貫注於未來，同時解釋清楚內部的盲點，十倍力人才將會被賦予前所未有的自主權力。當然，十倍力管理者了解發揮及展現這兩種洞察力的方式，始終都要與他們人才的真實特質有關。如同雙打一般，這對雙胞胎模式是訂製管理技巧最強大的實踐工具，它們都能將提供建議的行為提升到具有遠見卓識的境界。每個人都能擁有修正自己路線，以及團隊或組織軌跡必備的強大工具。

但是，如果管理階層不把自己視為各方之間真誠人際關係的一部分，加上缺乏一致的鼓勵和極其高度的信任，那麼所提供的任何重要建議都會毫無價值。在下一章，我們就會直接探討「信任問題」。

本章重點

一、已經獲得十倍力人才的堅強管理階層，知道展現「超級洞察力」是自己的職責：

（一）、「**內在洞察力**」：能幫助人才發現並正視自己的盲點。

（二）、「**未來洞察力**」：包含預測短期和長期效益，透過預知即將發生的狀況，預先制定計畫，並根據短期策略實現長期目標。

二、「超級洞察力」是核心強項，防止人才漫無目標，或刻意「追求新奇事物」。

三、十倍力管理者在表達及提出建議和見解時，必定會考慮人才的真實特質。

四、十倍力管理者熟悉喬哈利窗的四個象限，尤其第二區，也就是盲點。不良行為可能會迅速演變成阻礙目標的「破壞」模式。

五、結合起來，「未來洞察力」和「內在洞察力」共同構成了重要建議的基礎。

Chapter 5

為了獲得，必須贏得

「贏得信任、贏得信任、贏得信任，然後你就可以煩惱剩餘的部分。」

——行銷大師　賽斯．高汀（Seth Godin）

雙方共同付出是職場最重要的合作關係

聰明且幸運地讓十倍力者加入團隊是一回事，但要讓十倍力者盡其所長，須要培養十倍的信任度。他們期待且要求這樣的信任，因為最高的可信度是最初使他們擁有十倍力的部分因素，也是將人從小於十倍力提升到擁有十倍力的方法。

很不幸，信任很難定義，卻又必須建立。準博士保羅．薩加德（Paul Thagard）最近在《今日心理學》❶的一篇文章中，至少假設了五種觀察信任的可能方式，這些方式將信任視為：一套行為、相信可能性、抽象心態（abstract mental atitude）、自信和安全的感覺，以及將不同表現緊密連結成一個包含情感語意指標的複雜神經傳導過程（complex neural process）。文中得出結論：信任很少是絕對的，不過通常擺脫不了情感因素。「信任人，」薩加德博士寫道，「你必須對他們感覺良好。」

顯然，建立雙向信任是任何良好關係的基石，特別是在科技的發展上尤其重要，因為那是雜亂而繁複的過程，有數百萬個可變因素及接連不斷的漏洞可能阻撓專案進行。那些因值得信任而建立聲譽的上司、管理者及團隊成員會比其他人都突出。

在當今職場，信任是一項核心行動，一切信任必須建立在「期望管理」（expectation management）之上。

「期望是真理的一種最高表現：如果人們相信，那就是真的。」

——比爾・蓋茲（Bill Gates）

充滿自信、勇於表現

聽起來或許陳腔濫調，無論你是人才或管理者，我們都必須和你特別強調設定和實現期望的重要性。我們談的不只是在主要的代辦事項上貫徹到底，你所說的一切和說的方式都會產生期望，而這些期望必須被顯現出來，或為此付出代價。

在我們看來，這是面對工作生活非常基本的原則，因此我們會給每位「十倍力管理顧問公司」的新客戶一份十六頁的「最佳實踐」指南，一開頭是我們認為自己可以提供的最重要建議：「成功的定義是設定明確的期望，並且達成或超越它們。就這麼簡單！」

當然了，說比做容易，但沒有其他的辦法。為了實現自己指定的目標，你必須激發信心、深謀遠慮、自我誠實，而且要讓誠實溝通發揮效用。每次提出的財務或其他方面評估或計畫，你都準確預測了實際情況如何發生及結束，那麼贏得的信任程度也會因此愈來愈高。這種效益簡直就是無價之寶。

相反的，如果每次因為誤判結果而評估不足或未達目標，你就會引起某種程度的質疑，而且不管質疑多麼細微，都會像真菌一樣找到方式自行增長。或者，如同古老諺語說的：「信任須長時間建立，但能立秒摧毀，而且永遠無法修復。」

由於我們非常相信吸取教訓並從失敗中成長的價值，因此很重要的是，即使在評估出現錯誤時，也要明白透過主動且迅速承認錯誤、擔起責任、修正路線，還是能挽回信任。

不久前，我們有兩名客戶分別與同一家醫療科技新創公司的不同團隊合作。一個團隊負責公司前端發展，包括面對客戶的使用者經驗（User Experience）；另一個團隊負責後端，也就是公司內部的實質發展。對兩名客戶來說，他們在同一個屋簷下的經歷迥然不同。

前端發展團隊始終都按預算執行，而且進度超前。後端團隊就不一樣了，他們有一大堆藉口，雖然很多聽起來令人信服且聽似合理，但藉口終究是藉口。

管理前端團隊的人並不愚蠢或懶惰。問題是，他們非常急切地想要討好，因此繼續揑造或接受不切實際的評估，以便讓顧客安心，使整體情況看起來良好。

我們安排到那裡的十倍力科技人才多次警告他的主管：「我們無法在期限內完成，我們不可能像你承諾的那樣，迅速建立好你所承諾的，就是不可能。」管理階層不聽，果真漸漸地，當團隊無法在規定時間及預算內完成，顧客、上司和投資者全都大為震怒。

後端團隊持續達成期望且蒸蒸日上，而我們的客戶繼續留在那裡並成為他們固定的諮詢師和顧問。前端團隊則四分五裂，在適當時機，我們的十倍力者說：「我要走了。我說過無法在指定期限內完成，他們告訴我不管怎樣就是加快速度，現在他們很生氣，因為我做不到一開始就表明自己做不到的事！」

十倍力者不會容忍拙劣的管理期望，就像他們不會容忍因其他人的糟糕決定而被出賣一樣。在非常需要他們的世界，他們很清楚自己帶來的十倍力技能與展現這些技能受到的信任程度密切相關。另外，對某些十倍力者而言，即使他們在提交討論時沒有其他選擇，他們也不會停留在有害的情況，因為他們有先見之明，知道拙劣的管理既不會為自己、也不會為組織帶來任何好處。他們只會將粗糙的期望設定成看起來毫無意義可言。

聰明的管理（階層）也知道不得信任的代價，未在期限內完成、不真誠造成的散亂、吹牛的合約，乃至一般水準的組織所要付出的代價和損失，全部無可估算。事實上，我們相信能夠發現、確認出值得信任的員工，是身為聰明管理者重要的職責。我們有句格言：「沒有人擅長評估科技專案。唯一優秀的評估者是那些確切知道自己多麼不擅於評估的人。」

十倍力者應該始終隨著時間再行檢視，並對自己的評估與執行的結果進行比較，然後問：還差多遠，以及什麼原因？毫無疑問，顯露出來的模式將帶領你做更準確的評估。簡單來說，如果漸漸明白自己的評估總是差了兩倍，你唯一要做的是將自己的評估乘上兩倍，這麼一來應該就會準確了，或至少接近到足以建立信任。

如果能夠建立信任，你就一定會有成就。

「不要相信那些內心懷有強烈懲罰欲望的人。」

——尼采（Friedrich Nietzsche）

FBI的實地經驗

對十倍力人才來說，遇到能信任的上司就像發現稀有商品和真實價格一樣；這種上司不會出賣你，了解你的價值和想法，願意傾聽，給你空間展現自己的才能，且能為他們所用。我們「十倍力管理」幾乎所有的客戶（亦即我們代理的科技人才）都會抱怨微觀管理。他們身懷的專業通常比管理他們的人還多，最令人沮喪的是，這些人需要你的專業技能，於是付你薪酬，但又不給你空間好讓專業技能發揮。

在步調快速的現代職場，充滿善意的管理者、上司及團隊領導者如何才能與他們最需要的十倍力者快速建立信任？

行為學家湯瑪斯．歐龐（Thomas Oppong）最近在部落格社群平台 Medium 上發表一篇令人驚嘆的文章，從美國聯邦調查局（ＦＢＩ）行為專家羅賓．德瑞克（Robin Dreeke）的觀點分享了「如何迅速與任何人建立信任」（How to Quickly Build Trust With Anyone）。[2]德瑞克是「公眾準則」（People Formula）的創辦人，也是ＦＢＩ行為分析計畫署（Behavioral Analysis Program）的前負責人，這個部門從事社會與進化心理學研究，且擁有多年實地經驗的訓練。那不是一般的實地經驗，我們說的可是聯邦調查局，一個體現複雜、脆弱，有時難以理解的機構。

在他絕妙命名為《不是全都以「我」為中心：與任何人快速建立和諧關係的十大技巧》（*It's Not All About "Me": The Top Ten Techniques for Building Quick Rapport with Anyone*）的著作中，德瑞克揭露了迅速培養信任的種種方法。他提出的觀點有些憑直覺就能獲知，譬如眼神交流和微笑能發展出正面積極的非語言溝通；有些則是違背直覺，譬如在面對陌生人時，一開始就先表明時間有限可以使對話積極明確，因為這樣能讓他們有實際的藉口脫逃。另外，他的一些方法看似出人意外，但實際上很有效用，比方說慢慢說能提高你的可信度，因為話說得快往往令人困惑。

「每當與人交談時，我認為使自己的談話內容可信很重要，」德瑞克寫道，「我會刻意放慢速度，並稍做停頓讓對方理解我剛說的內容。」傾聽、好奇、問開放式問題，以及忍住打斷對方的天生衝動也要考慮在內，但與我們對建立信任的洞察力最密切相關的是，德瑞克最終呼籲的「放下自尊」。這種無所不包的實踐，直接切入了新工作領域的溝通本質。

「放下自尊，」他寫道，「最令人費解的是把其他人想要、需要及對現實的感知擺在自己前頭。」

換句話說，在試圖培養信任時，表現值得信任是不夠的。當你容許自己看見、聽到並將自己的意識投入到其他人身上時，真正的信任會以更快速、更深入且更具體的方式形成。

為了證實這些觀點，歐龐引述了哈佛大學的研究論文，❸闡明在交談中提出更多問題，特別是提出後續問題的人會更討人喜歡，富有同理心的溝通風格必然會走向訂製的管理。

我們碰過另一個建立信任必定成功的方法是，即使與自己的利益產生衝突時，也要優先考慮人才的需求。當我們提供的建議與我們自己的利益衝突，我們會明白告知。為什麼？因為（建立信任）最有效的方法是，讓人才知道管理者願意為他們的最佳利益犧牲。

我們「十倍力晉升」（負責薪酬待遇協商）的其中一位早期客戶有兩個工作機會。一旦達成協議，我們的客戶（就稱他為拉吉〔Raj〕）便會獲得兩個選擇。一家公司提供的薪資比另一家高五%，但為了通勤方便，他和妻子須搬去和岳父母住。拉吉剛新婚不久，薪酬較少的那家公司在他目前的住家附近，而且生活方式不須做什麼大改變。我們強烈建議他接受待遇較差的工作，以便維護新婚生活的神聖性。我們在費用上的損失比在信任上所獲得的彌補還多。

有些卓越的領導者甚至為了保護他們的團隊而完全不責備，因為他們知道，身為管理者，所有的失敗最終都會落在自己身上。這確實提高了團隊成員的信任感。

我們遇過一種情況，「十倍力管理」的其中一位經紀人為代理的一名自由工作者在洽談及記錄待遇條件時弄錯了。並不是什麼大問題且很容易補救，但牽涉到受害方時，我們扛起所有的責任，保護這位經紀人免於遭受任何後續的衝擊。有人可能會說這麼做是防止他們飽受過失所帶來的壓力，但在這件事情上，我們將錯誤看成是自己在訓練上的不足。透過這種方式思考，我們才能更新自己的訓練，避免未來相同的情況發生，也因此為未來所有狀況創造指數增長的效益。有時，你必須扔掉你的自尊，並且犧牲自己、跳出來解救你的團隊。

「你必須相信某些東西，像是自己的直覺、命運、生命、因果，凡此種種。這個方法從未令我失望，而且大大改變了我的人生。」

——史蒂夫．賈伯斯（Steve Jobs）

加入A計畫團隊

「A計畫指導」（A-Plan）是一家獨特的公司，既有專業教練加入並分享具體的指導方法，也有手機APP，讓客戶能同時參與講習、追蹤進度並提升指導經驗的影響力和價值。比起其他地方，我們的朋友及同事在「A計畫指導」接受所謂軟實力、信任與科技悟性等不同面向的交互指導最為顯著。儘管我們沒有設想每一位管理者都要成為教練，但愈來愈多精明強幹的管理者會在管理實踐上使用指導原理。

在一項簡短的調查中，透過詢問十幾位「A計畫指導」的教練，我們試圖為自己定義信任。各種回答都有且真誠：信任意指絕對保密；某種根據持續不斷的道德證明所贏得的東西；對他人的操守有信心；不會引起責難的地方；能夠打開並展現真誠地帶；可以做自己的自由意志，並知道這會受到認可及有所回報。

教練也探究了「失去信任」，也就是教練與客戶之間信心中斷的時候。有位教練表示，「人們害怕或感到被評判時，信任就會出岔。這時他們為了避開實情而傾向說謊，以欺騙來保護自己，這會阻擋前進的動力，因為無法安全地探索了。」另一位教練提到，「如果欣賞、感激和鼓勵的原則偏離常軌太遠」，信任便會瓦解。第三位在談及對自己十幾歲兒子的信任有質疑時，寫道：「他有很高的操守，但要保護自己時，他會違背誠實。」

他們都認同一件事：當放棄信任時，同理心對路線修正會很有幫助。

「A計畫」的共同創辦人和執行長莎拉．艾莉絲．科南特（Sara Ellis Conant）是指導界的一名先驅，擁有超過二十年的經驗及史丹佛大學企管碩士學位，並且受到谷歌、舊金山市、輝瑞（Pfizer）、Yesware 及其他公司聘請擔任指導。身為一名直率且富有魅力的講者，科南特不相信有捷徑。信任的種子必須透過傾聽和承諾來培植，還有第一印象會是關鍵。

「在『A計畫』，我們對自己的指導關係如何開始有非常明確的架構，」她解釋，「第一次指導期間，教練多半傾聽。純粹傾聽是邁向信任最重要的一步。能被清楚聽見、不被打斷、不會有人插嘴：『哦，我也是，我有同樣的經驗。』或『這是我對這件事的建議，』這在現實中是極容易做卻很少做到的事。沒有人糾正你、或跟你爭辯非常罕見，尤其是在抒發心情的煩亂時。」

「A計畫」的第二次指導，或他們所說的啟動指導，要教練立即做出一系列的承諾，譬如絕對保密、維護「不評判空間」（judgment-free zone），在這樣的承諾下，歡迎表達情感但從不強迫。效益立時顯現。

「當我做出承諾，要求新客戶以承諾做為交換時，我也會明確請他們信任我並信任指導過程，」科南特說。她也請新客戶只在他們想要時才完全坦率，並且不要害怕告訴她，哪些話題是禁止碰觸的地雷。「當人們知道自己有選擇，也不覺得被強迫時，信任就會隨之而來。」

當代可以比得上、且能與「A計畫」的開明指導方法媲美的，正好是她「不切實際」的共同創辦人麥可．康茲（Michael Counts）在商業上的獨到見識。康茲是使用者經驗的專家、備受稱揚的沉浸式劇場（immersive theater）藝術家，並在行動科技、現場娛樂、觀光旅遊、歌劇及現場音樂會體驗、身臨其境體驗及新興科技應用等上述領域獲得讚譽。

就康茲而言，指導經驗之所以無價，是因為深厚的信任發揮作用。

「與優秀教練和管理者之間有一層超越基本合作的信任，」康茲說，「與那些對我幫助最大的指導者在一起，總是有一種精神上的信任對關係產生影響。我不想說信任必須超越關係……雙方一定要相互信任。就像，『宇宙將我們聚集在一起，』雙方必須願意擁抱這個緣分，並看看會往哪個方向發展。」

康茲是個創意十足的點子王，從根據《陰屍路》（*The Walking Dead*）發展出的現場沉浸式體驗、佛羅里達諾娜湖（Lake Nona）的精緻錄像裝置，到一晚耗資一千兩百萬美元在上海舉辦的麥可寇爾斯（Michael Kors）時尚品牌發表會，他負責了各種各樣的古怪製作。為他獨一無二的事業尋得指導可能會是一項挑戰。

「卓越的教練不會不經考慮就讓你過關。他們決不會一切照舊，而是帶著同理心提出棘手問題。我是那種可以精確偵測真實性的人，隨著時間能漸漸注意到人的一些小事。什麼激勵他們？他們如何對待他人？他們如何應對挫折？當面對真正的教練時，我知道不是假冒的，因為我能感覺到。」

這個感覺不僅僅是一種印象。如同康茲解釋的，神經科學告訴我們恐懼和反抗會產生化學反應，將我們實實在在地推進杏仁核（amygdala，譯注：位於大腦底部，主要掌管焦慮、恐懼、急躁及驚嚇等負面情緒，故有「情緒中樞」之稱），並進入爭吵、逃避或冷戰狀態。如同他所定義的，精神上的信任是共同的行為，能將我們溫和帶回前額葉皮質（prefrontal cortex），也就是計劃複雜認知行為、個性表現、決策制定及社交行為的指令中樞。「就是這裡司掌了創造力和創新，我們最深層次的溝通和靈性覺悟（spiritual awareness）也在此處，等待被開啟。卓越的教練和優秀的管理者能把我們帶到這個層次。」

「信任就像空氣，當存在時，沒有人會注意到；不存在時，才會驚覺。」

——華倫．巴菲特（Warren Buffett）

同理心、脆弱性、多樣化、家庭觀

大多數人對什麼是合理都有第六感，不管他們所說的精神和道德信仰是什麼。這是為什麼責備自己團隊成員的上司，最終無法贏得信任的原因，也反映了簡單的因果關係：尋找代罪羔羊的上司不會有團隊願意為他冒險，在不合邏輯的情況下，仍堅持不要管別人閒事的上司更不會得到你的寶貴意見。處於防衛狀態的人不會出眾，因為防衛無法培養信任。

最重要的，你很難去信任一個不會暴露自己缺點的人。相反的，有人性、會犯錯、負責任，直率又有些脆弱的上司是你會想投靠的人。並非因為他們付你更多錢，或他們是你的麻吉，而是因為他們所展現出的特質，是人與人之間相對且積極回應的交流。正因為脆弱，他們展現了人性，也因為有同理心，他們認可你的人性。最重要的是，好上司會立即承擔責任。事實上，對管理方面的行為和缺點負起全責是建立信任的關鍵。

信任關係使人充滿活力、受到激發、團結一致。確實如此！信任的對立面是責備，會製造一種躲避和掩飾的文化，就像我們在這一章前面講述的故事。人們似乎總認為如果不責備，就不能叫人負起應負的責任，但這完全是錯的。責備反而會讓人覺得應負的責任少了。

與這種對職場信任的需求交織在一起的是對多樣化的需求，這是任何時代都很熱門的問題，在過去十年達到了巔峰。為什麼信任和多樣化如此緊密連結？因為要讓不同團體實際共同運作，他們必須站在溝通和信任的基礎上。

在一次次的訪談中，我們交談過的頂尖管理者提到，他們最重要的其中一個長期目標是創造一個讓人感到安全、能表達多樣且不同想法的環境。老派上司才不在乎這種事呢。

應該不用說，結果必然會創造出一個能包容團隊成員本身多樣化的環境。當我們說到多樣化的團隊，我們所談的涵蓋了年齡、性別、宗教信仰、種族、性傾向、個性及意識型態。有很多書都在論述為什麼擁有多樣化的團隊能在各方面帶來更好的成果，因此我們不會花很多時間去證實應該很明顯的事，但值得注意的是，就信任而言，多樣化會帶來特殊的挑戰。

為了在多樣化團隊獲得最佳成效，你必須創造充分的共同信任，以便這種多樣化能讓你實際獲益。如果成員不覺得能很安全地表達可供選擇的觀點，那麼世界上最多樣化的混合團隊就會處於停滯狀態。尤其，如果管理者或領導者不重視各種看法，人才們就不會樂於提供意見。

出乎意料的是，美國差不多每一家企業都正為各式各樣的理由，積極嘗試改善他們的多樣化統計資料。有些希望更好的眼界，有些希望避免被認為有性別或種族歧視；從統計上，有些則聽說多樣化能創造更好的成果。這些公司花很多時間和精力將多樣化帶進公司，這樣很好，但讓每個人都有機會被聽見且有所作為只成功了一半。他們必須讓這些參與討論的人暢所欲言，而這只有信任才能促成。

許多情況下，在多樣化的環境建立真正的信任，意味著不受表面的話語困擾或影響，並且理解團隊互助合作所代表的真正含意。你可能聽得不夠仔細，須從含意的語法推敲一句話，而辨識話中的含意正是我們的基礎技巧之一。當我們最成功的其中一位音樂圈客戶說：「我不想做那齣百老匯音樂劇。」我們了解所要表達的真正意思是，「我不想製作一齣那麼長的百老匯音樂劇。」就像，「我無法提供那種使用者介面。」意思可能是「我無法按照你的要求提供那種使用者介面。」但是，你必須夠了解你的客戶，才能根據他們的話語挖掘真相。麥可開玩笑將其稱為「理解含意」（ManageMeant），也就是解析話語與真正訊息的能力。

舉例來說，莫妮卡（Monica）是我們最優秀的其中一位程式設計師，我們有個很棒的工作機會迫不及待想推薦給她。這個工作似乎符合她所有的要求，可是她婉拒了。她表示不適合自己，由於我們感覺到她拒絕這個機有些奇怪，也因為我們與她的關係已建立了充分的信任度，我們才能和莫妮卡一同坐下來討論。我們發現，她擔心自己會深陷在這家全是男性的公司形成的「兄弟會程式設計師文化」（brogrammer）。就不熟悉的人而言，兄弟會程式設計師被定義為千篇一律地從事男人主導的活動，以及有大男人主義行為的程式設計師。（令人感到難過的是，如同艾蜜莉．張〔Emily Chang〕在《哥托邦：拆解矽谷的男孩俱樂部》（*Brotopia: Breaking up the Boys' Club of Silicon Valley*）一書中揭祕的，這在快速成長的新創公司及較大型的企業非常普遍。）

這個問題一提出來討論，我們更能好好處理，首先為聘用協調出一個試用期，看看是否適合，然後透過指導並授權由她自行設定界限，以便讓她的意見能被聽見。莫妮卡後來成為他們團隊最受敬重的成員之一，她最終也非常喜歡這份工作且不只一次延長留在那裡的時間。

這是為什麼多樣化不應被限定在利他主義框框裡一個很棒的例子。從商業角度來看，雇用莫妮卡在策略上是他們能夠採取的最佳措施，因為她的表現令人驚嘆。那個團隊差點錯失了一名非常奇特的開發者，而她也為專案帶來完全不同的理解方法。十分諷刺的是，因為愛好他們產品的女性比男性還多，她的存在倍加重要。

不管你的團隊文化是什麼，如果你還未保護並提升多樣化及不同思維的價值，你將會失去某些最優秀的人才。我們已在無數場合請求自己的員工以他們的角度來幫助我們觀看事物，他們有些是千禧世代，有些是女性，有些來自與我們截然不同的世界。透過創造這樣的信任環境，我們發現員工提出與我們自己極為相異的想法，往往把我們引導到重要且意外的方向。有個例子發生在我們正打算將一個特別的團體活動命名為 Netflix and chill（譯注：網路流行語，暗示性愛的委婉說法），這是我們在一次雞尾酒派對上無意中聽到的用語。當時，我們並不知道這是流行文化裡的性暗示。要不是年輕的團隊

培養信任的環境

0倍力公司	• 並非真正在乎信任。 • 不管怎樣都認為對他或她的指責是遵循管理指示，把權威和領導統御搞混了。
5倍力公司	• 知道必須建立信任，但認為這會隨著時間自行產生。
10倍力公司	• 了解信任必須雙方共同付出努力。 • 了解自己有責任建立並兌現承諾。 • 知道自己必須逐漸了解人才在專業上的目標。 • 了解須由自己積極主動努力朝這些目標推進。 • 了解想要實現所有上面提到的，最有效的方法是撇開自身利益為人才做些事。

成員指出來，我們可能為自己製造了超級尷尬的局面！這雖然是很小的例子，但想像一下，如果雪佛蘭（Chevrolet）在命名 Chevy Nova 的會場中有個會講西班牙語的人？他們可能會挑選一個不同的名稱，因為 Nova 在西班牙文的字面意思是「走不了」。

在下一個單元，我們將轉換觀點，探討個人要如何才能成為十倍力者。

當說到個人，我們指的就是你。

本章重點

一、信任很難定義，但對所有精明的管理者與十倍力人才來說，卻是必須建立的。

二、信賴的基石是建立、溝通及實現令人信服的期望。

三、當你發現自己無法實現期望時，務必迅速承認自己的錯誤並修正路線。沒有人當下百分之百正確，但你可以做到百分之百誠實。

四、有很多方法能協助快速建立信任，最有效的方法是「放下自尊」，學會在討論過程中用心傾聽他人見解。

五、除了傾聽，信任更建立在尊重和承諾的基礎上，尤其是當下做的承諾。

六、同理心和脆弱性提高了信任，藉此我們能夠知道即使在不容易，尤其是很難做到的時候，與自己有關聯的人會犯錯，但他仍保有誠實的操守。

七、多樣化與信任交織在一起，缺少信任的多樣化會製造一種阻礙發展的僵化氛圍，導致人們害怕表達自己的不同、但可能有益的見解。

2

如何成為十倍力者

「過去我很聰明，所以想要改變世界；現在我有智慧，所以正在改變自己。」

——十三世紀伊斯蘭．蘇菲教詩人 魯米（Rumi）

變換角色

前面幾章，我們嘗試說明十倍力人才對職場造成的全面性影響。在試圖發現、獲得、培養、管理及留住十倍力人才方面，我們也分享了幾堂重要的管理課。

接下來五個章節，我們將轉換身分，從人才的角度探討這個新的對等關係。

提到人才這個說法時，我們究竟意指何人呢？在我們的世界觀，每個人都可以將自己設想成人才，而且每個人都可以努力成為十倍力者。毫無疑問，你也包括在內。每個人都可以努力超越十倍力，這意味著從普通提升到很好、再到優秀，甚至到卓越。

當然，真正的十倍力者是稀有動物，兼具驚人的智力及罕見的細膩情感，而且不是人人都能、或都會擁有這樣的混合特質。儘管如此，在接下來的幾章，我們將分享大部分人才能夠獲得、並幫助他們敦促自己朝十倍力發展的關鍵要素。

另外很重要的是，後面這些章節並非「只針對人才」，每一堂課也都為管理方提供首要的指導和觀點。最終，我們的目的在證明人才與管理如同陰和陽，連結在一起，且密不可分，互相包含了彼此的要素，有時甚至一個人身兼兩者。

如果認為這個單元對你不適用（如苦你已然是人才），也不妨繼續閱讀下去。

Chapter

6

切身感受

「如果你有某項才能，保護好它。」

——美國演員 金凱瑞（Jim Carrey）

確立撰寫方向時，我們發現，大部分自勵和致勝的書籍都將讀者（即「人才」）擺在論述的重心：他或她的技能、經歷、個性。「只要你為突如其來的好運預先做好準備，所有的想法或念頭都會從你的腦袋冒出。」這句話很有道理。

不過，我們有不同的看法。

我們知道，要讓十倍力人才在這個難以應付的新環境茁壯成長，他們會需要其他人的指導：經驗豐富、思考型、有影響力的中間人，且擁有獨自的觀點，以及我們所謂的「切身感受」。

說到「切身感受」，我們談論的不僅僅是一部分收入。切身感受代表的含意遠遠超過財務上的利害關係，也表示情感或甚至精神上的關切，更意味著信任。

將你的成功視為符合自己既得利益的堅強管理，必定始終高過把心力投注於你的事業（和目標），利潤及誇張的言辭。你的成功就是他們的成功，反之亦然，這是人生的最高境界。

再次重申，我們在本書用「管理」來指稱許多關係。這個字眼可代表在組織裡負責管理工作的團隊主管，或能切身感受並為你指引職涯發展的外部實體；也可表示在你的行業中，與你建立了導師／學員關係的領導者。不管什麼類型的管理，切身感受是絕對必要的，他們必須了解你的成功也是他們的成功。

事實上，就我們而言，任何形式的管理若要變得堅強，必須喝下眾所周知的「酷愛水果飲料」（drink the Kool-Aid，譯注：出自一九七八年「人民聖殿教」〔Peoples Temple〕著名的瓊斯鎮屠殺事件，當時的教主命令信眾飲下含有氰化物的果汁〔可能是Kool-Aid〕，造成九百多人死亡；隨著這個俚語的流行，之後用來譬喻不加置疑且無條件地信任或追隨），願意為人才全力以赴，竭盡所能（或赴湯蹈火）。只有一半的投入不值得你浪費時間。

對人才來說，在職涯每個階段的切身感受是很重要的資產，因為堅強管理能為你的處女航帶來的幫助，也是唯一有直接影響力的關係。換句話說，人才在第一次經歷到的，通常是堅強管理者已處理過的狀況，是透過一次次，乃至年復一年改進的方法。

更重要的是，有切身感受的堅強管理往往能為一致的利益提供無偏見（或最起碼較無偏見）的建議。假如優秀的管理者有一項共通點，那就是他們欣然接受沒有掩飾的真相。

這就是為什麼要有勇氣被管理，不管是羽翼豐滿或富有經驗的人才都一樣。你必須準備好隨時接受建議，因為有時會與預期相反，有時則很難由別人告知。在最難獲得時，管理方面的建議必然最有價值。

讓另一個人協助、引導你的命運，完全是一種信任行為。切身感受正好給予這樣的信任。

你的上司是老闆時，該怎麼做？

為了說明切身感受，我們直接提供一個絕佳實例：超級經紀人強藍道（Jon Landau）與他最知名的客戶史普林斯汀之間長達數十年的多層關係，最能明顯看出切身感受發揮的力量及效用。

毋庸置疑，藍道和史普林斯汀兩人都可以被稱為遊戲規則的改變者。

一九七四年，史普林斯汀只是發過幾張值得注意的唱片但未成名、看似很有前途的藝人，而藍道則是受人尊敬的搖滾樂評先鋒。藍道無所畏懼寫道：「我看見搖滾樂的未來，他的名字就叫布魯斯・史普林斯汀。」這種大膽的表述是同類評論的頭一遭，也是藍道切身感受史普林斯汀的第一個例子。如果史普林斯汀失敗，那麼藍道真的是押錯寶了，所以現在看到史普林斯汀成功，對藍道來說可是好事。

當然，史普林斯汀感到受寵若驚，而兩人也因此建立了友誼。在早期的搖滾樂報刊，藝人和評論家之間不會到互不往來的程度，因此這種友情並非全然不尋常。不過，真正不尋常的是，他們倆竟會這麼投緣。

幾個月不到，藍道換了身分，成為史普林斯汀的製作人，兩人的合作就跟他為史普林斯汀製作的暢銷專輯《天生贏家》（*Born to Run*）一樣，這張專輯被視為有史以來最偉大的黑膠搖滾唱片。（除非你從一九七五年八月就一直住在月球，否則應該曉得這張唱片。）當史普林斯汀與他當時的經紀人鬧翻時，他們直率地決定以藝人和經紀人的關係繼續合作，接著一同寫下搖滾史。將近半個世紀，他們親密無間，並表露出最高度的切身感受——藝術、財務、情感及精神上的契合。

這是怎麼發生的？

「說起藝人，」藍道告訴我們，「如果你喜愛他們在做的事，他們會感受到，這便是一個好的開始。」

強藍道的軼聞和故事多到足以寫上十本書，這不令人意外，因為他本身就是一名超群不凡的人。回顧早期，他可既是直自、眼光又好，甚至有點令人敬畏的人。

「我這麼形容，我們有點像是繞著彼此跳舞。我寫他，當然那對他是很重要的評論，但我們沒有任何正式的關係。就這樣，某天他打電話給我說：『強，你今晚何不過來朗布蘭奇（Long Branch）？』那在紐澤西州，也就是他住的城市。他還說：『我們可以一起廝混、聽音樂，我這裡有幾張唱片，我們可以盡情聊天。』我回他：『聽起來蠻有趣的。』但真沒想到，當晚來了一場超大的暴風雪，我是指超級大。沿途道路堵塞，簡直是一團亂。於是，我回電話給他，心裡想說，你知道的，我們可能要延期。

但布魯斯不是一個很在意現實的人，他對天氣不感興趣，做自己想做的才能引起他的興趣，而他希望我們按照原定計畫。我本打算解釋道路封閉等狀況，但我知道……他真的很希望我去做客。所以，我告訴他：『布魯斯，我會過去。』要怎麼去，我不知道。

結果，部分火車還有行駛，但完全脫班。我依稀記得買了一張票，大約六點左右出發，然後午夜左右抵達某地。搭了六個小時的火車到朗布蘭奇！布魯斯的家就在火車站附近，我不記得自己是頂著暴風雪走過去，還是怎麼到的。

我們整晚都在聊天，一直到早晨八、九點，我對他說：『布魯斯，我得回家了，真的很高興，但……我必須回家睡覺。』嗯，他查看了一下，道路已經恢復暢通，於是教我回家的最佳方式，搭乘巴士。」

告訴我們這個故事的當下，藍道停了下來。他似乎在混雜的模糊記憶裡迷失了意圖，思緒繞到沒有人知曉的地方。

「現在，你知道嗎，」他說，「我不曉得是不是因為這樣，我才成為《天生贏家》的製作人並擔任布魯斯的經紀人。但我有種感覺，而且這個感覺一直都在，如果那晚我沒過去……可能一切都不會發生。」

從這個了不起的故事，我們為所有懷抱志向的人才，以及所有管理者整理出的一堂課是：大膽發表不同言論、冒著危險並展現真正的切身感受，尤其在沒有排定日程的情況下是最真實的。這是建立值得信任的管理關係的唯一方法。

藍道很快指出他和布魯斯通常不會討論「經紀人」或「製作人」這類的職務頭銜。不過當上司（即老闆）失去自己的經紀人，且覺得交由娛樂律師來處理不是很滿意時，他知道需要一名有切身感受的人來代表他。

如同藍道的解釋，「唱片公司不會想跟太有主見、把自己當成經紀人的藝人打交道。如果藝人突然直接打電話詢問：『為什麼我沒有擠進告示牌排行榜？』這會讓人感到不自在。與明星交談時，你必須態度溫和，那很令人難受。」

「另一方面，藝人為了某些重要的事與唱片公司起了爭執時，也不能像經紀人那樣脫口而出『去你的』。」

迅速崛起的明星須有卯足全勁的職業道德及合適的計畫表，布魯斯則求助於與他關係最親密的人——藍道。

「我們有六個月的適應期，我立刻告訴布魯斯自己完全沒有商業背景，對商業一點概念都沒有。他說：『你是個很聰明的人，只不過是多了一件事，我覺得應該不會很難。況且我們信任彼此，這才是重點。』」

藍道陷入未曾料到的艱難處境，獨自打理布魯斯所有的演藝事業，而且每當自己需要指導時，就會聘請業界最優秀的人來教育自己。在合約方面，他請來了大衛・葛芬（David Geffen）。

「我從大衛那學到很多關於管理的技巧，」藍道說，「他怎麼激勵自己信任的藝人，如何做到不讓別人說NO，永不放棄的態度；還有，他對特質（quality）抱持著一種信念，尤其是關於人。每一個與他交往的人都是該領域的佼佼者。」

漸漸地，像葛芬及藍道這樣的人，也幫忙改造了搖滾樂的管理風氣。教會這些經紀人從齜牙叼著雪茄喋喋不休、剝削，有時甚至霸凌自己的工作人員，到懂得尊重自己的藝人，敢向全世界為自己的藝人辯護。藍道告訴我們四十五年來，他和史普林斯汀對彼此大聲說話大概就三次。持續不斷的對話和極為開放的溝通正是他們緊緊相繫的祕訣。

「早年，」藍道解釋，「我們為了追求完美，一方會將另一方沒想到的觀點提出來討論，而我們不知道怎麼結束。但隨著年齡增長，我們學會如何跟彼此交流想法，然後放下。你要學習在某個點停止，也要學習成長。」

同樣令人驚嘆的是，在合作了四十五年後的今天，藍道對自己還能為布魯斯現在的演藝事業做出貢獻依舊感到無比自豪。

「表演八點開始，」他說，接著描述演唱會的挑戰，「我看了前面一小時，一場很大的戶外演出，然後我們下去離舞台相當近且能聽見演唱的餐飲區。我和喬治・崔維斯

（George Travis）站在一塊，他是布魯斯長期合作的巡演總監，幾乎和我跟布魯斯的關係一樣久，一旁還有我管理公司的合夥人芭芭拉·卡爾（Barbara Carr）。突然，聲音倏地中斷，我問：『喬治，發生了什麼事？！』哎呀！你可以想像得到，我們從座位上飛奔而去。」

原來主要的發電機燒壞了，當時彷彿演唱會驟然停止，一片死寂。我的天啊！過去從未發生這種情況。我們為了安全起見多準備一台發電機，於是趕忙接上使用。音效終於恢復正常，而布魯斯更是加倍賣力演出。那晚，觀眾欣賞到他最好的表演。

「演唱結束，布魯斯走下坡道，而喬治和我一起站在坡道上。令我們感到驚訝的是，布魯斯……欣喜若狂。因為演唱會在高潮下結束，他看著我們說：『男士們，我想聽的只有一件事。』哎，願上帝保佑，喬治開始詳細解釋發電機發生了什麼狀況。我一把抓住他的手臂說：『喬治，後面交給我來處理。』布魯斯對細節不感興趣，我了解他想知道當時是怎麼回事，所以雙眼直視著他，『布魯斯，以後決不會再發生。』當然，布魯斯、喬治和我都知道，沒有人能真的保證不會再發生……但為了當下就此打住必須這麼說。」

布魯斯會相信藍道的話，原因在於半個世紀來的切身感受。

「你身上散發的能量可能會是最重要的特質。以長遠來看，情商勝過智商。無法成爲他人的能量來源，能實現的極其有限。」

——微軟執行長 薩蒂亞・納德拉（Satya Nadella）

真正的成敗關鍵

有時，切身感受並非來自單獨一人。就像史普林斯汀在強藍道身上看到十倍力特質時，大膽聘用他，而藍道在與搖滾樂界的傳奇人物芭芭拉・卡爾建立聯繫時，知道自己遇到了這一生的十倍力事業夥伴。「沒有妳，一切都不會有進展，芭芭拉，」是藍道在獲選榮登搖滾名人堂（Rock and Roll Hall of Fame）那晚對眾人發表的感言。

芭芭拉・卡爾對人才與管理頗為了解。

卡爾曾就讀瑪麗蒙特學院（Marymount College）及倫敦政經學院（London School of Economics），也擔任過大西洋唱片公司（Atlantic Records）的公關人員。她是出了名的強悍，極有條理、聰明且無法容忍愚蠢的傑出看守者。在加入史普林斯汀的陣營前，她常安排流行歌手前往全球各地巡演，同時與當地媒體互相交流，為巡演創造很多宣傳效果廣受讚譽。這是一個簡單且合乎邏輯的概念，不過就像很多出色的點子，在芭芭拉之前沒有人有未來洞察力去發覺。她真的改變了遊戲規則。

今天，在每次巡演的多數日子，卡爾都會親自陪同史普林斯汀旅行。她也帶著他做了相當多的慈善工作，卡爾同時是致力於肉瘤研究的克莉絲汀．安．卡爾基金會董事，這個基金會以她在一九九三年，因這個疾病於二十一歲去世的女兒名字命名。截至撰寫本文為止，基金會自一九九三年成立以來，已經募得超過兩千三百萬美元。

究竟是什麼原因使芭芭拉．卡爾能有如此驚人的成就，讓她的團隊長期受到矚目？「我們相互管理，」她帶著極具感染力的笑聲說，「我們非常敬重且細心對待彼此，因為每個人都會經歷浮沉起落，都有自己的順逆苦樂。我們就像一家人，還有保持冷靜、帶著謙卑、要有想法，也須牢記在心的是，參與其中的每一位都是人。」

卡爾剛進入唱片業時，這個行業完全是「男孩俱樂部」，她仍記得一九七〇年代在大西洋唱片每小時的工資是五美元，許多心胸狹窄的人都想占取她的職位或看她失敗。她是第一位成為大唱片公司部門主管的女性，為之後的好幾個世代打破了玻璃天花板（glass ceiling；比喻無形限制或障礙，通常指對女性或弱勢族群等設置升遷上限，這類不易察覺、也未獲公開承認的限制，使她們在職務晉升過程中遭遇無法逾越的障礙），與演藝圈最可怕的人物並肩而立，她也毫不退讓。如今，憑藉自己的能力成為擁有權勢的管理者。描述多年來在她麾下工作或一起共事的傑出管理者和高階主管，從藍道、惡名昭彰的大西洋唱片創辦人阿莫特．艾特剛（Ahmet Ertegun），到傳奇的索尼音樂（Sony Music）前老闆湯米．摩托拉（Tommy Mottola）及其他人時，卡爾能排列出一個有趣的均等關係。

「這些人以全方位的領導風格聞名、他們能將權力運用得這麼好的原因……是因為他們的熱情。是的，他們都是管理者，但他們自己就是真正的藝術家，他們本身都有藝術才能，這是無可否認的。看阿莫特，傳聞他一開始是在自己的汽車後方推銷唱片。他是一位大師，因為他有洞察力。創辦《滾石》（*Rolling Stone*）時，詹恩．溫納（Jann Wenner）同樣具有洞察力。強藍道無疑對布魯斯早有洞察力，儘管他可能不會這麼說。但這些人都是遠見卓識者，而且本身都有藝術天賦，這也是為什麼他們能帶領藝人。」

依我們來看，這是「人才與管理」的陰陽性最適切的描述之一。卓越的管理者擁有切身感受，因為管理本身就是他們的藝術、他們的才能。

他們自己的洞察力是關係成敗的部分因素。聰明的十倍力人才能輕易且迅速看出關鍵差異。

對卡爾來說，為了讓管理真正發揮效用，這種洞察力必須融合對人才的工作有真誠的情感依附（emotional attachment）。在觀看最近上映的史普林斯汀的新紀錄片《西方之星》（*Western Stars*）時，她的眼淚突然奪眶而出。

「結束時我哭得太厲害了，因此幾乎無法告訴布魯斯自己對這部電影的感想。我就是整個感動，你知道嗎，我們所有的人都變老了，布魯斯剛滿七十歲，看完這部電影讓我打算好好享受生活，不要再為小事抓狂，也別計較是誰把鞋子落在廚房中央或諸如此類的事。你知道，我有能力改變。」

卡爾沉思了片刻並補充說：「我怎麼能退休呢？」接著又說：「為什麼我要退出這種深刻的情感體驗？我很自豪能將這種體驗帶到世界其他地方。」

向我們細述這一切時，她又哭了一下並試圖道歉，但我們了解她會哭的原因。她對管理人才及對工作始終都有深厚的連結感（sense of connection）。我們在談切身感受時，這種全心全意的連結是決定成敗的關鍵。

嘆了一口氣後，卡爾簡潔描述了人才和管理如同陰與陽的細微差別。「這就像是，我們管理布魯斯。但你甚至可以這麼說，他回過來管理我們，透過他的鼓舞和激勵。」

「我最出色的其中一項才能是看出別人的才華，並給予他們發光發熱的舞台。」

——時裝設計師　托里．伯奇（Tory Burch）

扭曲、餘波及變調

切身感受並非只是使搖滾明星和他們的超級經紀人團結在一起的黏著劑，同時也是一種狀態，若是少了，任何事都無法運作。不管在哪工作，想要成為十倍力者，你必須讓自己的上司、主管或團隊領導者了解，你我彼此是休戚相關的命運共同體。

像我們提過的，這意味著即使一眼就看出對方的指導並不吸引人時，也要保持開闊的心胸。畢竟比起錯失可能獲得的長期飯票，更不想最後花掉的錢比賺到的還多，頭腦清楚的人才會聽從某個勸告，因而拒絕輕鬆工作幾個月便能賺進百萬美元嗎？如果知道勸告自己的人有真正的切身感受，聰明的人才會。如同你在〈第三章〉認識到的，約翰．梅爾就是一個例子，因為聰明的人才會聽。

事實上，說服人才做出違背直覺的職涯發展是我們工作的主要部分，而只有在他們了解成敗全靠我們一起努力時，才有可能。

舉例來說，當我們的科技客戶必須在二個、三個，或甚至四個已有的機會之間做選擇時，他們通常會倚賴我們建議哪一份工作最適合。有個例子是，一位名叫艾薇娃（Aviva）的程式編碼員正在考慮兩個都有吸引力的機會，但一個提供的報酬比另一個高出許多。儘管我們自己渴望拿到多一點的佣金，我們還是建議艾維亞不要接受報酬較高的差事，因為負責招聘的創辦人看起來像個自大狂，而且我們的「蜘蛛預感」處於高度警戒。

起初，艾薇娃反抗我們的建議，她真的很想要薪酬較好的那個，不只是為了賺錢，也因為這將會是她歷來最高的報酬，一種象徵性的成功。

她說：「你們確定不是把我帶離將會有大突破的地方？」

我們必須提醒艾薇娃，我們的建議不僅僅是反對，我們也會因此賺得比較少。我們說：「我們給的指導，唯一可能的原因是為獲得更好的長期利益，既為妳，也為我們自己。」

她終於明白：我們的目標一致。

我們最近查看先前提供艾薇娃較高報酬的那家公司，已經不見了。我們當然無法做到每次正確，但這是一個很容易就能預見的結果，非常顯而易見。

如同我們說的，要有被管理的勇氣，但並非每個人都有勇氣且帶著同樣的熱情欣然接受管理。

在向我們尋求管理的指導時，蓋瑞（Gary）是全球十大網站之一的共同創辦人。我們很高興有他這位客戶，但也很快曉得蓋瑞在某些方面會出人意料地顯露多疑。打從一開始，每一個建議似乎都讓他處於防衛狀態，即使在我們為他爭取到頭兩個一流的聘用機會後，他也準備好隨時閃人，因為我們花了有點久才幫他找到頭幾個工作。儘管我們的商業模式全然與我們客戶的利益一致（我們賺的是依他們的收入抽成），他仍確信其中一定有鬼。唯有向他仔細解釋沒有他的成功，就不可能會有我們的成功，我們才能夠讓事情回到正軌。當然，這是麻煩即將到來的跡象，但他很優秀且值得花時間和心力。不只一次，我們必須說服他卸下自己的武裝。儘管他比過去賺得更多，比以前獲得更多的讚美，他還是經常將他人提供的意見當成敵意，這是一種長期養成的習性。

蓋瑞的其中一位顧客付他相當不錯的報酬，但會提出真的惹惱他的要求，在幾次私下的崩潰後，我們知道自己必須介入。我們想出一個辦法，並教蓋瑞被激怒時先來找我們。

我們說服他：一、對我們發洩。二、花點時間適應新訊息。三、從另一面看事情。四、必要時，讓我們扮黑臉。

我們用來幫助蓋瑞的其中一個方法聽起來滑稽但超級有效：每當蓋瑞對收到的電子郵件感到特別惱火時，我們請他用幾種不同的聲調大聲朗讀出來。讀一次，好像很生氣；再讀一次，好像超平靜的。藉由這麼做，他能體察如何將自己的「情緒和想法」添加在可能蘊含或未蘊含這些情緒的文字上。這個簡單的慣例讓他清楚明白，對於他認為自己聽到的，並非永遠都是對的；或更準確說，他總是以主觀的方式解讀事物，不過這是人類的天性。探討自己的主觀性使得蓋瑞能夠做些小的感知轉移（perceptual shift），以便用不同的方式（換言之，也許他們不生氣）來解讀（事實上，重新解讀）意見或看法。總的來說，我們發現這的確是幫助我們客戶及團隊，透過語法分析他們認為的其中含意的一個很棒的推論技巧。

蓋瑞若沒有先感受到我們的切身感受，所有前面談到的就沒有半點用。我們在教導他的過程中，最重要的一件事是，我們要是真的剝削或占他便宜，反而會自討苦吃害了自己。

母親、配偶、朋友或其他親友擔任經紀人

在你的生命中，誰有切身感受？在娛樂圈，有家人、配偶或朋友在一旁支持並不罕見，尤其在事業發展的早期。在專業領域，透過現有關係找到導師或教練同樣普遍，他們能私底下協助指導。

當切身感受對經紀人與客戶間形成的關係產生影響時，由於重視信任和熟悉，向你最親近的人尋求建議和指導在一定程度上有其道理。母親經紀人（momager，媽媽同時充當你的經紀人）有很多好處；畢竟，還有誰會比自己的母親更想見到自己成功？配偶經紀人（spousagers）和朋友經紀人（friendagers），有時也因關係上的優勢而扮演這個角色。當你提出邀請時，有哪個好朋友會不想幫忙？在某些情況下你可能沒有別的選擇，所以比起獨自一人闖蕩，向這些最親近的人尋求建議和指導也許看起來像是比較好的做法。

儘管如此，當獲得親友和愛人的支持和幫助時，必須注意一些明顯且易犯的錯誤。首先，每個行業都有自己的標準和常規。如果你的母親經紀人不熟悉行規，她所建議的事可能會差距太大。我們總是開玩笑說，如果你把有史以來與唱片公司談過最好的唱片合約拿給非娛樂律師看，他們會建議自己的客戶不要簽字，因為條件太糟了。其次，純粹想要給你最好的，算不上是有資格的經紀人，是因為我們在〈第七章〉要探討的「第三方效應」（Third Party Effect）被削弱了。

我們聽過一個關於千禧世代作家拼錯某個字的故事，編輯將它改正時，作家告訴編輯這就是她拼寫那個字的方式。編輯堅持改正，作家便叫她的母親經紀人打電話去斥責那位編輯，但願這只是都市傳說。

在《福斯新聞》（*Fox News*）一篇標題為〈娛樂專業人士說：大多數的好萊塢媽媽應該當媽媽，而不是經紀人〉（*Entertainment pros: Most Hollywood moms should be moms, not momagers*）[1]的好笑文章中，作者荷莉．麥克凱（Hollie McKay）指出了母親擔任經紀人本身存在的利益衝突。「希望給你小孩最好的，但也希望對你最有利，這讓提議母親充當經紀人變成太冒險的事。」使人引以為戒的故事包括布魯克雪德絲（Brooke Shield）的母親泰瑞（Teri）慫恿自己未成年的女兒裸露飾演雛妓角色，還有節奏藍調（R&B）低吟歌手亞瑟小子（Usher），因為「不同的看法和思維方式」不得不開除他的母親經紀人喬妮塔．佩頓（Jonetta Patton）。電視影集《摩登家庭》（*Modern Family*）的艾芮兒．溫特（Ariel Winter）解僱了她的母親經紀人並由姊姊取代，我們希望這麼做的結果會對她更好，但忍不住要說，必須開除自己的媽媽可不是什麼有趣的事。

星爸星媽基金會（BizParentz Foundation）是一個為從事娛樂業的小孩及其父母提供教育、倡導和慈善資助的非營利社團法人，基金會的共同創辦人寶拉．多恩（Paula Dorn）描述了更加令人擔憂的景況。「似乎很多沒有經驗的父母都認為自己應該挑起增進孩子事業發展的重任，卻又不了解什麼是適當的。」

表一

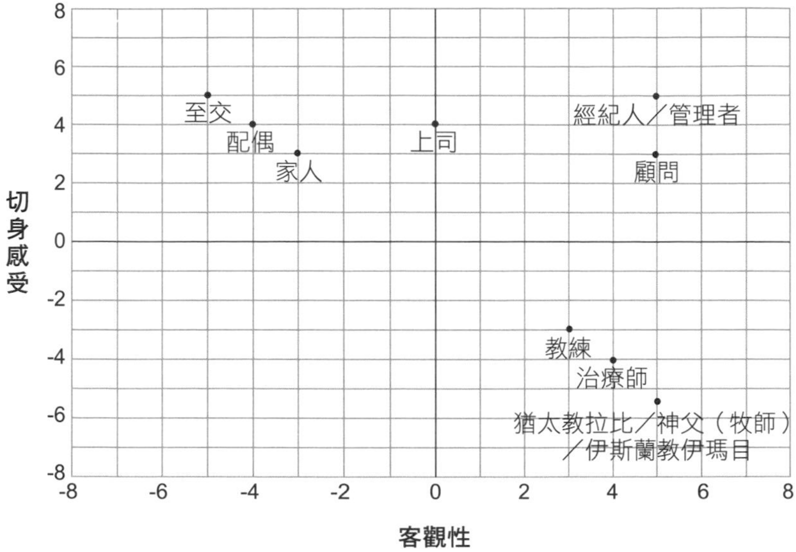

家人和好友在給予支持時，應該始終都要謹慎周詳。

然而，可以理解的是，人皆傾向於跟那些與他們有關係的人、那些「自然而然」會有切身感受的人一起工作，因為如果一切都很好，你將與自己的經紀人關係密切。即使你能讓家人和朋友別插手你的事，我們相信在波濤洶湧的現今職場，人才與管理或經紀人與客戶會是人的一生中最重要的關係之一，可以和每天為了博得你的目光和注意的父母、小孩、手足、配偶及死黨關係並駕齊驅。就像其他關係，經紀人（即管理者）與藝人（即人才）的聯繫需要信任、要有耐心及促使成長。輕輕鬆鬆就取得成功，這可不行啊！

管理者的切身感受

0倍力管理	對於團結一致為什麼很重要完全不清楚，也不能理解；被管理的人應該按照要求做，因為那是他們的工作。
5倍力管理	了解與自己的團隊有切身感受是信任非常重要的構成要素，但不清楚如何創造和傳遞。
10倍力管理	協助建立有凝聚力的團隊，也能清楚表達每個人的成功如何與彼此息息相關；知道並證明自己的建議對團隊每位成員都有幫助，因為他們是休戚相關的命運共同體。

並非所有「圍繞周遭」或「自然而然」的經紀人在任用後皆能同樣勝任。麥可製作這張令人恐懼的圖表（表一）[2]顯示了與不同對象的關係裡，「客觀性」與「切身感受」兩個基本原則的相對位置；這些對象包括猶太教拉比（Rabbi）／神父（牧師）／伊斯蘭教伊瑪目（Imam）、治療師、教練、上司、經紀人／管理者、顧問、家人、配偶，以及至交。各個位置顯然都是一組「約略估計的數值」，不過隱含其中的重要訊息卻不可忽視：

- 上司，也就是好的上司，很可能會在「客觀性」與「切身感受」之間做到最大的平衡，但他們沒有超越任一個原則。他們希望提供最適合你的，而你的命運也影響著他們，但不是像影響你的家庭那樣。（在〈第八章〉，我們將探討如何藉由管理你的人發展切身感受。）
- 你的麻吉、叔伯舅父及配偶擁有的「切身感受」都比他們所持的客觀性高出很多。發生在你身上的很

人才的切身感受

0倍力人才	並未真正了解在他們的人生／職涯，給人既得利益有其具體價值；認為人應該會出自內心的善良而提供幫助。
5倍力人才	了解讓他人有我的切身感受，會對自己的目標大有助益，但還要確認誰能為自己扮演這個角色，且不知道如何爭取到合適的人。
10倍力人才	任用一個合作無間的團隊，自己的成功會與身邊的人共享，反之亦然。

可能會完全直接影響他們；事實上，他們可能因此無法保持必要的適當距離，以便提供最強有力的建議。

- 你的教練、治療師或宗教上的指導帶來較大的客觀性，但不管怎麼說，他們的投入不如家人和配偶那樣生死攸關。
- 唯有經紀人／管理者能夠竭力保持客觀並擁有與之相稱的高度「切身感受」。這是他們存在的理由，他們的工作本質。

有時，你可能要結合一個以上的來源並進行比較及配對，藉以為堅強管理獲取最好的構成要素。一旦「切身感受」穩固到位，堅強管理就能帶給代理的人才非常寶貴的廣度，我們稱之為「第三方效應」，下一章就會探討。

本章重點

一、切身感受是我們對高度投入的概略總稱，每位優秀的管理者都需要擁有人才，而人才都需要可信任的管理者。

二、優秀的管理者在意的不只是佣金。無論在情感或精神上，他們都關切並期待人才的未來。

三、確實且真正喜愛人才所從事的，是管理最健康的起點，深切的尊重及信任，是人才該有的態度。

四、切身感受是與未來人才建立信任最誠實、最合邏輯的方式。一旦他們了解與你的目標一致，信任隨之產生。

五、只要聰明的人才知道管理者有切身感受，他們會傾聽管理者有時令人不悅的建議。

六、帶領優秀的人才（尤指藝人）須有遠見卓識及藝術鑑賞力。

七、管理者與人才是共生關係：兩個實體一起成功或共同失敗。

Chapter 7

第三方效力

「傻瓜才會充任自己的代表。」

——亞伯拉罕・林肯（Abraham Lincoln）

一九七九年發行的法國電影《合夥人》（法：*L'associé*，英：*The Associate*），描述一名時運不濟的投資者揑造了虛有的公司合夥人，企圖使出最後一招來挽救事業。老實說，接下來的劇情十分爆笑：投資者假扮自己虛構的合夥人，而且這名男合夥人開口「說話」了，公司聲勢迅速飆漲，新客戶蜂擁而來，自己的老婆甚至宣布愛上了合夥人，儘管他根本不存在。

最尷尬可笑的是，這部電影竟完美詮釋了我們所謂的「第三方效力」。

想像一下你告訴某人你對自己的所作所為感到驚嘆，再想像其他人對你也說了同樣的話。訊息從第三方口中說出，始終都比較具有說服力。當你說：「我念過哈佛大學，在臉書擔任資深管理人，設計的開源語言在大半個網際網路傳布。」你聽起來就像一名吹牛的蠢蛋。

如果其他人用同樣話來描述你，你聽起來就會像一頭獨角獸。

在法庭上，代表自己辯駁絕不是明智的做法，人才管理也是一樣的道理。這始終會讓人傾向過度吹捧或貶損自己，無論哪一種，缺少了客觀性幾乎就沒有可信度。「第三方效力」的好處正在此，能為你消除高高在上或低低在下的自我，向傾聽者證明有人雖冒著名譽受損的風險，卻十分相信你。

必須牢記另一件事：大部分的人沒有得到可靠的管理，所以奮力想爭取。儘管業界多數公司極度渴望找到卓越的科技人才一起工作，可是截至撰寫本文為止，我們自己的公司就有一份五千多人的等候名單，都是希望加入我們的科技人才。這是因為這些人才知道，如果與我們合作，他們面對的是有切身感受的人，並且能為他們帶來「第三方效力」的益處。第三方（尤其有切身感受的人）建議包含的有益之處，也是擺脫喧鬧嘈雜的少數幾個方式之一。

妄自菲薄

早在我們從事管理科技人才之前，我們就曉得他們大多都有妄自菲薄的傾向。我們在音樂產業擔任經紀人時，經常需要聘請科技人才為藝人建構網站，以及設計娛樂的應用軟體，因此我們與純熟（有時不是那麼純熟）的程式設計師一起共事已有相當豐富的經驗。我們持續觀察發現，人才有時並不清楚自己的價值。在談判桌上，他們提出的金額不僅低於我們的預期，而且低於他們在市場上應該有的行情。

這真是很傷腦筋的事。

在沒有想好明確計畫的情況下，我們開始工作並做了一些調查，以便確定這些專家真正的市場行情。一成立十倍力管理顧問公司，我們立即就能提高科技人才的價碼，第一是因為我們已針對他們應得的，為自己準備了更適當的數據；第二是因為當局外方的稀珍之處，我們是對他們的才能印象深刻的旁人，因此可以用他們不可能做到的方式誇讚他們，讓他們受到重視。

局外方能承受批評、拒絕、冷漠或非故意的負面舉動而不受傷。實事求是的局外方能聲明要價而不受絲毫質疑、羞辱或感到害怕。實事求是、值得信賴的局外方能大肆宣傳而不會聽起來愚蠢，也能讓前後的關聯性不會聽起來牽強。

直到今天，我們仍舊會與合作夥伴一同列席宣傳會（pitch meeting），並專心聽他們努力推銷自己。通常他們自薦時，會聽起來像笨拙且自吹自擂的人。我們往往會在這時介入，並問他們是否願意讓我們或其他外部人士代為誇讚。

我們也遇過與自我吹噓完全相反的人，討厭露面及陳述自己的真正價值，尤其是科技人才。可惜，當個不愛出風頭的壁花也不是可行的方法。

我們前共同創辦人本身就是精明幹練的科技專家，碰巧也對充當自己的代表感到不安。我們第一次見面，開始擔任他的經紀人時，他從未想告訴別人自己念過哈佛，或談到自己有其他許多傑出的成就。他知道由自己嘴巴說出來會多麼討人厭，而且要求市場價碼、或解釋為什麼自己值那個價錢會令他非常不自在。結果，他拿到的報酬經常比他基本的市場行情少了三分之一。相當諷刺的是，一代表其他科技專家，他就表現得十分出色。他可以推銷任何人，只要不是他自己。

像本章開頭提到的法國電影一樣，我們有位名叫拉菲克（Rafik）的客戶，在認識我們之前，有時會假扮另一個人充當自己的經紀人打電話給雇主。這並非完全不合職業道德，而且因為這個伎倆耍得非常成功，一些同業也會找他也扮演「假的」經紀人。代表你去談判的第三方，通常會獲得比較好的結果，即便他們沒有什麼經驗或名聲。

「第三方效力」不只是管理者與經紀人代表他們的人才發言；在企業界，每當上司和權力集團討論，為他們的明星員工力爭更好的薪酬待遇時，也會見到積極運作的「第三方效力」。我們的客戶西恩（Sean）面試一家國際銀行時，要求聘雇程序有外來的代表參與。他這麼做，實質上是為決策者提供「第三方效力」（以一個有切身感受的外部實體），協助他做錄用的決定，並確信自己會談出可能的最佳協議。第三方代表甚至還未進門，西恩就表明支持他們，在開始前先讓信任產生。他知道這可能讓企業在每一個員工身上花更多錢，不過能保證聘到名符其實的適任者和團隊，而這個團隊將回過來幫助銀行取得更大的成功。因有切身感受，「第三方效力」會處處扮演你的擁護者。

「第三方效力」不僅僅是擁護，同時也是保護。比方說，如果委託人或顧客總是找我們某個工作人員的毛病，我們每次都會竭盡全力保護我們的人。這可以培養我們團隊的信任，讓他們知道有人支持自己並因此感到安心。這也能使他們敢於冒險。

令我們感到難過的是，在企業界仍有許多人認為，當他們的人陷入麻煩時，「打太極」（duck and cover）會讓情況變得比較好。這種計謀可能很久以前就已成為工作文化的標準戲碼。今天，你必須鼓勵團隊往別處去尋找謀略。新型態的勞動力——十倍力者和非十倍力者、千禧世代和非千禧世代——希望且期待他們的上司能挺身而出保護他們，這有何不可？這麼做很氣派，除此之外，對各方都有益處。在好萊塢版的電影中，英雄總是為了保護他人置身險境。每當有人因為知道你的卓越為你奮戰時，他們證明了自己有能力成為代表你的積極「第三方」，你也會因此愛戴他們。

這是無論到哪我們都會跟隨的領導者。

兼具切身感受和「第三方效力」，猶如結合了迅速擊倒對手的兩項強大力量。在這些要素準備就緒的情況下，堅強管理能夠代表各種廣泛領域的人才，不管他們追尋的是什麼，譬如真正的目標、真實的慾望及實質的需要。在須採用彈性談判策略取得重大勝利時，這種結合也是達成協議的最佳武器。（我們會在〈第十章〉進一步探討。）

「第三方效力」還有一個好處非常明顯，但幾乎看不見。因為你也顯然相信自己

（我們希望！）每當管理者代表你發言時，他們會根據事實提出「第二意見」（second opinion）。因此，當「第三方效力」發言時，彷彿你和你的管理者實際組成了兩個一致的聲音，而且兩個聲音一同唱和。

畢夏普的徹底勝利

對世界級超級程式編碼員布萊恩・畢夏普（Bryan Bishop）來說，有「第三方」加入，對他的職涯發展至關重要，但起先他並未採取明確的行動。他一開始真的是單打獨鬥的叛徒。畢夏普在德州奧斯丁（Austin）長大，就讀中學時就已經是程式設計高手。

「我很迷電玩遊戲，尤其是駭客遊戲和反向還原工程（reverse engineering），」他解釋，「我非常擅長使用一種被稱為『遊戲鯊』（GameShark，電玩遊戲作弊卡帶或碟片）的裝置，這種裝置位於遊戲卡匣和遊戲機之間，可以讓你操縱遊戲的記憶。」

在電玩遊戲「打破第四面牆」（broke the fourth wall；在虛構場景中呈現角色意識的戲劇技巧，如：透過鏡頭，在遊戲中與玩家直接說話或致意）後，他開始涉足網路票務，而且很快就精通複雜的網路開發。在超級腦力和無法遏制的數位野心刺激下，這是自然的發展歷程，但他大部分都靠自學及自我指導。

我們擔任畢夏普的經紀人時，他才剛滿二十歲，就已擁有許多技能和成就，不過我們的合作關係更讓他變成區塊鏈／比特幣專家，各方爭相網羅，無論到哪時薪都在六百和一千美元之間。有趣的是，他沒有把自己與我們之間視為人才和管理關係。如同前一章提到的芭芭拉．卡爾，畢夏普感受到的是雙方共生的關係。

「我從來就不認同經紀人這個說法。麥可和瑞雄在公開場合嚴格來說，可能確實是我的經紀人，但我稱他們為我的人才，因為這就是我對他們的看法。即使在我用十分獨特的方式整理成的比特幣社區，我的理解是，人們並非真的了解十倍力公司和我實際上有多密切。有人問：『他們是招聘人員嗎？』不是，我們之間跟招聘一點關係都沒有。他們是我選擇長期合作的事業夥伴，能帶給我巨大的益處。」

對於選擇找「第三方」加入，畢夏普起初並不是很明白。「我不是完全沒有銷售能力，我可以做銷售。但坦白說，我的主要技能是程式設計，而在設計程式時，談論上下文切換（context-switching）非常普通。唉，切換到銷售會讓程式設計師很疲憊，也對生產力造成影響，而它可把我累垮了！」（這是我們在〈第一章〉述及打斷「心流狀態」的突出例子。）

即使有超級程式編碼員的水準，畢夏普也是一名實在的投機者。聽他與人交談，有時感覺他們彷彿搭乘了時光機進入未來。除了他的區塊鏈／比特幣作品，畢夏普對生物科技及其對DNA帶來的可能影響抱有濃厚興趣，其中包括一項涉及人類基因工程的商業投資。該項基因工程又稱基因改造，使用人類胚胎並將精子幹細胞重新編排，以便產生經過基因改造的精子。針對使用ＤＮＡ做為大型數位儲存裝置（就像硬式磁碟機），他也提出了專利申請等待判定。

「在堪薩斯，我們已經不玩電玩遊戲了。我最近加入一間名叫 Genomic Prediction 的基因組預測公司，」畢夏普說，「他們做的是胚胎篩檢或胚胎的基因檢測。這真是一個有趣的機會，他們需要我在軟體開發方面的技能及專業知識。」

《麻省理工科技評論》（*MIT Technology Review*）最近以「備受爭議的新基因檢測 23andMe（美國一家提供個人基因檢測服務的公司），但針對胚胎的提供者……」一文[1]評論這家總部位在紐澤西州的新創公司。畢夏普承認自己的一些作為引起了嚴重的道德質疑。但令我們感到高興的是，他求助於我們，一同商討這些爭議。

「十倍力公司不吝投入大量時間，跟我一起重新探討其中一些議題可能產生的後果，」他說，「即便他們並不完全贊同我，還是專注地充當測試人，而且他們知道如何跟其他人傳達我的想法。生物學是科技的一種類型，遺傳學則是程式的一種。為生物學設計程式的能力將開啟各種可能性和機會。事實上，我相信未來在回顧時會說我們在基因工程之前所做的都是未開化的，就像我們透過生小孩來玩基因樂透一樣。」

畢夏普了解自己的嘗試不一定受歡迎，尤其因為這個工作的其中一位從事者剛被中國判處服刑三年。「此刻，有一股非常濃厚的保守價值文化及努力，避免惹麻煩或嘗試新事物，學術界人士也因面對巨大的社會壓力而還未做某些事。但我不是學術界的一分子，我是個有自己的方法、自己的計畫和想法的獨立個體。還有，我不見得同意讓人遭受患病之苦會比較好，只因為管理單位尚未批准某種治療用藥。儘管如此，我也知道有很多人不贊同我，而十倍力公司正為我往該領域指引方向。」

不單只有這些道德爭議，畢夏普要求在管理方面的指導關係超出了收入要求、生活方式選擇、電子郵件編輯或工作訪談等範疇。他活生生地體現了有效運用「第三方」代表的正確方式。

「十倍力公司敏銳地察覺到我究竟如何展現自己。我非常注重技術和細節，而對專注於技術細節的人來說，我們會以為其他人也十分專注在細節上，對不對？不過有時在達成一項協議時，人們實際評判的並不是那些細節。他們可能會檢視過往的業績、經歷、名聲、惡名，甚至你的禮貌和應答等諸如此類的事。他們的其中一個任務是專心做好自己的工作，提醒我當時忘了、或原本沒意識到要說的事。

在最終談判時，我甚至可能忘記提自己過去的一些經歷，只是完全忘記提起。你知道嗎？我最近剛與某個希望我能為儲存比特幣所有權開發大型安全解決方案的人交談，但忘了說：『嗨，我已經開發了一個目前存有超過五千萬美元的系統。』也許，我當時應該提及此事！」

為畢夏普這種等級的遊戲規則改變者擔任「第三方」代表的好處既明顯且即時，意思是說，他會專注於完成出色的作品。在超高科技領域，對「第三方」的需求以指數方式增長。如同作家威廉・吉布森說的，「未來已經到來，只是並未讓全部人覺察到。」

由於強調速度，先進科技永遠處於不斷研究和預先實行的狀態，這對力促縮小普通人與菁英之間知識差距的「第三方」帶來挑戰。

「認識到當今最新科技的實際發展，讓很多人驚訝。但老實告訴你，我媽媽不知道我靠什麼謀生。如果我嘗試向她解釋什麼是編纂者，那會讓她一頭霧水！因為，如果你更仔細注意，有些計算形式基本上看起來就像魔術。任何足夠先進的科技與魔術並無區別。身為我的代表，麥可和瑞雄可以幫助對方了解什麼是可能。」

「我領悟到的一件事是，我並非自己才華的所有者，而是經紀人。」

——流行樂天后　瑪丹娜（Madomna）

第三方發揮效力

儘管我們代理人才已有二十五年之久，不過對於推銷本書，我們還在尋找有切身感受及「第三方效力」的人來代表我們。我們認為自己是談判專家，樂於探究新行業及新類型的交易，而且有點不顧後果的狂放。但必須解釋的是，這些能力還未讓我們精明到可以代表自己。很像我們的客戶，我們討厭在任何交易中代表自己。

就本章列出的所有原因來看，我們知道其他值得信賴的人可能會做得比我們好，這也是為什麼我們要從自己信任的人當中尋找從事著作出版的代表。經紀人需要經紀人，管理者需要管理者，而知識和能力無法替代「第三方效力」。

我們很幸運，找到的著作經紀人露辛妲．哈爾珀恩（Lucinda Halpern）深刻理解「第三方」證詞有不可缺少的說服力及無可估量的細微差別。你正在閱讀本書，就是她知道自己在做什麼的實際證明。

如同我們，露辛妲一開始在布魯克林管理流行樂界藝人。不同於我們，她是第一位有即時舞台經驗的兒童歌劇歌手，所以能直接了解身為藝人會是什麼感覺。她本身沒有任何管理樂團的資歷，只是拿起電話卯起勁做。當意識到可以將這些技能轉移到自己真正有熱情的書壇時，她把自己定調為行銷主管，然後挨家挨戶去敲著作經紀人的門。「我明白如果無法取得正常途徑，那就試試旁門左道。」

為了證明她的勇氣和毅力，露辛妲受命去推銷書，這正好是她的本業。「一開始簡直雜亂無章，不得不動用自己的人脈尋找優秀的人選，找好的作者。我鑽研了經紀公司廢棄的一堆稿子，找到自己相信的人時，我總會高舉雙手說：『我來跟這位作者合作吧！』露辛妲做了若干危險的賭注，達成一連串重大協議，並發覺到自己有當代表的真本領。」

「人才必須將自己正在做的事視同生命一樣重要，且日復一日，」露辛妲解釋，

「這需要另一種能力，當你是第三方時，某種程度上壓力減輕了，你就可以從長遠的角度來思考。」

身為自己經紀公司的頭頭，露辛妲已聚集了一群獨特的作家，可是她不會都只扮演他們的「第三方」。

「對於代理某人，我不僅要喜愛這個人的工作，也必須知道自己代理的人會像我一樣努力工作，並且願意盡一切努力保持衝勁。換句話說，我要知道這個人是遠見卓識者，如同為什麼要堅持下去，他們擁有個人的洞察力。」

露辛妲在這點附和了芭芭拉・卡爾的觀點：洞察力是人才與管理共有的領域。

經紀人常被視為治療師，無論著作經紀人、音樂經紀人或企業團隊領導者，充當「第三方」代表的是心理學上的鍛鍊。「你要知道自己面對的是什麼樣的人，」露辛妲說，「你必須了解什麼程度和語調的回饋才行得通，以及如何得到。因為你的目標是確保人才有望取得成功。為了使人保持積極、熱情及正面的態度，你必須放下身段。」

經紀人（管理者）扮演「第三方」，是對獨特人才從事或勝任的工作充滿熱情的一種真實體現。他們通常是最先對人才的想法產生信任的人，並成為那些想法的擁護者；由於在特定的行業裡，他們本身就是專家，這方面的角色即說明了「第三方」能提出具有效力的證詞。

「從圖書編輯的角度來看，」露辛妲解釋，「當一位優秀的經紀人說：『我認為這份手稿會賣，』這會令人感到一股突來的認可和批准。如果編輯信任你，他們就會聽。」

露辛妲指出，「第三方」發揮效力有時意味著在不同場合提供完全不同的見解，這對力求誠實的人來說是一項挑戰。「為使人才保持積極及受到激勵，你只告訴他們一種情況，但另一方面，你打交道的編輯卻常常細數為什麼書不會賣。真的很難，因為你必須讓自己保有高度熱情來面對懷疑的態度。」

這種「雙重經紀人」的特質，將「第三方」觀點具有如稜鏡般的多元角度帶回到最重要的面向上。有說服力的經紀人或代理人須以現實為基礎，在兩邊都要培養可信度。是的，代表人才時，首要的是為他們扮演「第三方」。不過要成為真正優秀的「第三方」擁護者，基於某種程度的尊重，你在討論時必須了解另一邊的需求。訊息的接受者要相信你是誠實的代表，他們對誇張的言辭極為反感，只關切人才的水準何時真正上軌道。

這種兩邊理解和對話的能力不僅縮小彼此差距及達成協議，同時也是「第三方」代表的最高表現。

「關於著作出版，」露辛妲解釋，「各種宣傳和假訊息多得讓這些編輯應接不暇。你如何脫穎而出？首先，從擁有人們想與你打交道的個性開始；其次，他們要對你的品味產生信任。當然，接著他們必須信服手邊有的宣傳。如果他們知道你是誰、了解你的做事方式，這些背景資料就會促使他們本能地接受你的竭力推銷。」

管理者／經紀人／第三方代表有時被稱為中間人或看守者，他們的職責是保護接受者不會被刻意轉移注意力。

「這些是我正在建立的長期關係，而且擔任「第三方」擁護者時，我希望自己被認為是可信的，」露辛妲說，「我不會接一大堆案子，也不會把自己都不相信的東西寄給編輯，因為他們可以感覺得出。當我的熱情是真誠的，他們也能感受得到。」

磨練成形的附帶價值

二〇一一年十二月，我們的老朋友、也是知名的娛樂事業經紀人費爾．薩爾納（Phil Sarna）邀請我們參加他舉辦的著名假日派對。多年來，費爾因在有趣的地點舉辦這些社交聚會聞名。這次聚會在即將被拆除的車庫舉行，因為車庫空間要讓出來給一個高檔公寓使用。派對上，費爾向我們提到他長期合作的客戶、擁有多張白金唱片、曾獲葛萊美獎提名的音樂人凡妮莎．卡爾頓正開始洽談新的經紀人。

費爾還不知道我們已密切關注凡妮莎的演藝事業很多年了。二〇〇二年初，瑞雄和他的妻子實際上曾與凡妮莎和她當時有點像在交往的對象、也是我們的一名前客戶一起四人約會。此外，她曾將參加馬拉松的所得捐助給「待命音樂家」。更重要的是，我們有一張她於二〇一一年發行的CD專輯《兔子在奔跑》（*Rabbits On The Run*），在辦公室不斷播放，而且對這張專輯的藝術性與她早期作品的顯著不同感到十分驚訝，儘管仍明顯聽得出是凡妮莎。

她是一個能夠成長的藝人。

在費爾的指示下，我們去她在蘇活區的閣樓探望她。第一印象很重要，凡妮莎完全就是個樸實、聰明且理智的人。她已在職業生涯經歷了很多，非常清楚什麼是自己想要和不想要的，而我們也立刻注意到這點。知道什麼是你不想要的，就跟知道什麼是你想要的一樣重要，這是真正十倍力者的特質。

凡妮莎想做一名藝人。她不想成為被創造出來的一次性商品，她知道怎麼樣努力工作，而她的期望很務實，也與她的音樂修養相稱。她在十四歲時獨自搬到紐約就讀美國芭蕾舞學校（School of American Ballet），十幾歲的她便簽下自己的第一張唱片合約，並在二十多歲時榮獲多張白金專輯及葛萊美獎提名的紀錄。那天，她放了幾張試聽帶給我們聽，這些歌曲最後都收錄在純熟的《*Liberman*》專輯中，至今仍是我們下過功夫、做得最出色的專輯之一。就一次會面，我們便被說服了。這次，我們的直覺很準。

隨著合作進入第八個年頭，我們完成了一齣為期十週、由凡妮莎擔當主角的百老匯音樂劇《美麗：卡蘿．金》（*Beautiful: The Carole King Musical*），而我們也即將完成凡妮莎的下一張專輯《愛是一種藝術》（*Love Is An Art*），在撰寫本書的同時全球發行。依我們來看，感覺就像是自己剛與凡妮莎合作，而且迫不及待想看接下來的八年會發生什麼。

這對我們來說也是自己的成功，因為我們與她之間享有的是二十五年來，在業界經歷過最具成效且富有意義的合夥關係。這不是與我們名單上的其他藝人做任何比較，但在職涯上能與一名藝人建立這麼多層關係非常難得。某種程度上，至少這是凡妮莎的成熟與她十倍力級可管理性的證明。

對於擁有像凡妮莎一樣的甜美嗓音、極高水準的鋼琴技巧、相匹配的詞曲創作能力的人，這也是她的一個性格特質，知道何時讓「第三方」來代她發言。

「我完全不會自我推銷，」她解釋，「我不是那麼擅長拓展人脈，甚至不知道該以那種方式談論自己。主題和我太過貼近了（而令人害怕）！事實上，我只知道，訴說有關自己工作的唯一方式就是做唱片和玩音樂。」

當人才像凡妮莎一樣高度專注於自己的藝術時，找到合適的代表有時會有如釋重負的感覺。如同超級程式編碼員畢夏普，凡妮莎只不過是信任能代表她的策略性溝通，因此可以安心做自己的事。

然而這些年來，她已經與幾位經紀人合作過，但並非都很順利。她堅持必須有合適的「第三方」來負責發言。

「我注意到自己與不合適的經紀人一起工作時，最後常會陷入令自己感到侷促不安的處境。我會開始揣測自己的音樂，最糟的是，我在創作上會害怕冒險。擁有出色的『第三方』代表，真的感覺好像可以展翅翱翔。」當有優秀的管理保護時，你會開始冒險，做大膽的選擇，學習新的事物，如有需要，失敗了就失敗。若沒有這麼做的自由，不管哪一種人才，最後常會陷入困境，或因狀態不佳感到脆弱。

凡妮莎展現了真實的十倍力，非常努力地學習如何協助我們來幫助她。她對出席露面有高段的應付能力，而我們與她的往來總是帶著感激之情。真正的十倍力人才了解感激能帶來多產。她解釋：「當你感覺到自己有代表時，一切都會改變，不僅能做更多自己想做的，也能帶來更多的成長。」

凡妮莎告訴我們的一件事，在所有能想得到的領域一次又一次重複上演：無論誰代表你，不管誰為你扮演「第三方」，他們必須對你的工作充滿熱情。

凡妮莎補充道：「不過，他們還必須是思路清晰的溝通者。」

這裡說的清晰不是無關緊要的小事，從本質上來說，「第三方效力」是一種翻譯行為。事實上，「第三方效力」主要附帶的「額外好處」之一是有助於將人才宣傳（推銷的技能）磨練成形，並使人信服。「第三方」的能言善辯比任何履歷都好，給了接受者空間去感受人才（的技能）。因此，這往往反過來幫助藝人，為自己從事的工作找到合適的「表達」。

「漸漸地，由於直接與優秀的管理者合作，我自己也成了更好的溝通者。這些人……他們讓我看到良好的人際溝通。」

消失的辦公室文化

就跟切身感受一樣，我們要明確說清楚的是，「第三方效力」的好處並非只發生在正式的管理與人才關係，每當值得信賴的人代表你發言時，「第三方效力」就會發揮功用。另外，無論你是巨型企業的員工或面臨下一個雇約的流浪自由工作者，你要明智地問自己：誰可以當我的「第三方」？誰可以最可信、最清晰、最有影像力地傳達我的訊息。

從另一面來看，如果你是管理者或團隊領導者，你也應該問誰最需要你的支持，以及誰最值得你的讚揚或推銷宣傳，因為不管你了解與否，成為「第三方」是這段關係中的關鍵環節。

已故的馬克．賀德（Mark Hurd）是一位傳奇的科技高階主管，曾擔任甲骨文的共同執行長及董事。對賀德而言，「第三方」讚揚是領導階層遺失的重要技巧之一。他在《商業內幕》（*Business Insider*）一則標題為〈這就是成功〉（*This is Success*）的 Podcast[2]當中說道，很久以前「如果你能閒著沒事坐在那誇耀自己在公司培養了現在擔任資深職位的所有優秀人才，你在公司絕對有大家心照不宣的價值，這是功績的一種象徵。你流露出自己是值得重視的人。」賀德為此感嘆，由於「唯利是圖的雇用」及師徒制的惡化，這種無可替代的價值已經隨著時間逐漸在企業文化中消失。

根據賀德的看法，「你會從大學畢業，然後到某家公司上班，而且受到公司的實際

管理者的「第三方效力」

0倍力管理	不曉得他人肯讚美自己的價值，通常花很多時間自吹自擂，聽起來像個蠢蛋，也搶走他人的功勞。
5倍力管理	理解其他人讚美自己的價值，甚至有時也會稱許自己團隊的人，但尚未明白如何在適當時機得到他人對自己的讚美。
10倍力管理	不僅事事幫助及擁護自己的團隊，建立團隊的價值，從而提升自己的價值，同時也在他們需要一名代言人的時候，很有策略地站在成員這一邊，並懂得如何詢問（要求准許）。

培訓。會有訓練師、促成者（enabler）及其他人來幫助你，教導你如何銷售、傾聽、溝通……。培訓被視為一種投資，而非損失或犧牲。」

為了對抗趨勢，賀德制定了「班級」（Class）計畫，把大學應屆畢業生與一名管理者兼導師配對成班。「沒有像認股般的選擇權，」賀德說，「這只是會令人感到自豪。」

賀德當時沒有預料到自己早一步洞悉的是，在更提倡堅實師徒制的現今職場，短期聘任、雇用技職人員和即時訓練已經成為首要需求。需求本身很有可能自然而然地扭轉趨勢。

在Inc.com上另一篇文章中，作者菲拉斯・基坦納（Firas Kittaneh）探討了〈能讓領導者成為自己團隊的傑出擁護者的三種方法〉（*3 Ways Leaders Can Become Outstanding Advocates for Their Team*）。❸基坦納引用了美國權威研究中心MSW Research與戴爾・卡內基訓練（Dale Carnegie Training）的研究，

人才的「第三方效力」

0倍力人才	不曉得他人肯讚美自己的價值或主動稱許他人，花很多時間自我吹噓，搞到身邊大多數的人都想吐。
5倍力人才	曉得不能四處忙著誇耀自己有多棒，因此尋找其他方式來讓正面光環加諸在自己身上；例如，開始大聲嚷嚷別人的傑出表現，以期獲得同樣的對待。
10倍力人才	真正了解「第三方」擁護者的價值，透過請求其他人介紹自己、或提出他們的想法來創造擁護者，知道自然產生的附帶結果會比任何其他自我表現的方法都好。從生活中尋找能主動且策略性地為自己這麼做的人，無論是經紀人、律師、教練、朋友或團隊領導者。

主張與直屬主管的關係是「員工敬業度」的其中一項關鍵驅動力，必須先有敬業度，才會有忠誠和成長。

文中主張保持緊密聯繫，團隊領導者必須遵循以下幾點：

- 傾聽員工憂慮，帶著他們朝組織圖往上爬。
- 與其他部門分享績效成果及正面回饋。
- 為年輕員工找出成長的可能性。

這三點指導如同新派管理的完美入門，跟十倍力者所期待的完全一樣。在下一章，我們將徹底推翻老派職場的金字塔，並探究事業經營的多方藝術，我們稱之為「360度管理」（360° Management）的小技巧。

本章重點

一、每當有人代表你提出主張，就會產生「第三方效力」。

二、有可信的「第三方」代你發言，是讓人了解你的價值和使命唯一實際（且無疑是最好）的方式。

三、自我推銷者總會傾向於過度吹捧或妄自菲薄。儘管如此，他們仍可能成功，但會造成信譽上很大的損失。

四、務實、可信的「第三方」能在不受恐懼、羞辱或質疑的情況下代表你談判。

五、「第三方」扮演了價值及想法可信、可靠的翻譯者，一種促進兩邊互相尊重及了解的「雙重經紀人」。

六、透過全神貫注於人才究竟可以提供的是什麼，優秀的「第三方」也能幫助人才學會更適切地表達或表述自己。

七、展現充當「第三方」擁護者意願的領導者，能讓他的團隊產生最大忠誠及最佳表現。

Chapter 8

360度管理

「聘請聰明的人，然後告訴他們做什麼，這沒有道理；我們聘請他們，爲的是告訴我們該做什麼。」

——史蒂夫・賈伯斯

概述

我們已確認了人才與管理之間是一種共生關係，並在前一章開始探討這種關係。《韋氏字典》（*Merriam-Webster*）將「共生」（symbiotic）定義為「具有或形成一種親密、合作及相互依賴的關係」。

現在，我們把注意力轉到員工與主管的共生關係。「密切、合作及相互依賴」是最佳的工作狀態（state of affairs）。

在職場的階級制度中，我們大多數人都有上級和下級，還有跟我們層級相近的人。也有無數其他部門的人，既非你的上司、也非直屬部下。

公司要有十倍（力）級文化，必須具有全方位的人才管理。對有權力創造環境，讓這種文化實際存在的那些人來說，這是最要優先考慮的事。

換個方式說，部屬若不覺得能與上級和階級相近的人自在地分享意見，在這樣的氛圍下，沒有團隊能夠發揮最佳狀態。

此外，隨著每個人步步高升，他們很可能會管理更多人。無論是好是壞，這意味著公司「擢升」他們的趨勢將會擴散。

為了促進支持、開明和安全的文化，你的上級必須保護你，給你充分表達自己想法的自由；與你層級相近的人必須感到有足夠的能力誇讚你、得到你的讚美；你的下級必須勇於給你支持並提出他們的想法、質疑和壞消息。善意和授權很少「下滲」（trickle down），當然更不可能「上流」（trickle up）。但密切合作而相互依賴的趨勢必須擴及每個角落，同時在所有參與的各方之間自由湧現。

沒有共生的積極性文化，你能推測會發生什麼事：派系紛爭惡化，挑釁取代溫順，從上到下壟罩在狡黠沉默的環境中。很不幸，大多數人的職業生涯至少都遇過一次，對經歷過的任何人來說，將這種工作場所稱為造成陰影的可怕夢魘也不為過。現今的經濟結構，情況比夢魘還糟，因為這種環境將會讓最優秀、最聰穎的人避之唯恐不及，一旦輸掉人才之爭，你就完全限制了公司競爭和取勝的能力。

如果共生的積極精神看起來像是公認的普世價值，那麼從歷史的角度來看，相反的精神經常盛行也是事實。至今，許多公司的管理文化寧可畏懼、沉默，也不願冒險犯難，而且認為「生而為己，天經地義」。

再者，即使不是處在對抗的關係，那些從事日常工作與建構未來的人之間也可能存在脫節的情況。拉爾夫・培林（Ralph Perrine）是一家為醫療保健產業提供組合型解決方案的創新公司 Innovation Garage 的管理者，相當了解這種建立全方位橋樑的必要性。

「我們團隊著手設計或撰寫新的程式時，會處於創新者天生就有的興奮狀態，」培林解釋，「但期望所有的人馬上感受到這種興奮是不公平的。」

我們的客戶生態系統是由利害關係人組成，其中包括稽核員、安全及隱私團隊、基礎架構和支持的客戶，他們都在我們建立解決方案的最終影響及客戶體驗中扮演各自的角色。這些利害關係人有權利不興奮，起碼在他們了解新的解決方案如何發揮效用，以及對他們的目標和責任範圍產生影響之前。」

「事實上，這對我們反而有利。在那些對新事物不會自動感到興奮的人身上，我們已經聽到且學到很多了。」

非常好笑的是，培林把這種脫節的工作狀態比喻為（撿狗大便用的）長柄糞鏟（pooper scooper）發明者的窘境。「發明的人大概非常興奮，但對其他人來說，這只是我們早晨外出遛狗時需要用到的工具而已。所以啊，創新者的興奮與最終擁有、並在之後經營那項創新的人，在態度上就有類似這樣的落差。」

對培林來說，十倍（力）發展意味的不只是發現傳遞熱情的方式，同時也是找到承受他方懷疑的方法。「驅策改變很難，」他表示，「我漸漸體認到，當我們願意聽取其他人告訴我們事情在許多方面可能出錯時，我們的產品也跟著改進了。」

請不要將「360度管理」與360度評量混淆，前者是為了在職場搭起橋樑並茁壯成長所開列的方法。是關於將主管、同輩和下屬變成卓越管理者的方法。我們曉得「360度管理」是一種夢寐以求的理想，但努力本身是個人或公司邁向十倍力關鍵的一步。

與主管打交道往往是工作最困難的部分，並非每位主管都有方法、訓練或熱衷指導其他人的癖好。時常聽到某些人被擢升到他們能力無法勝任的職位，這與管理風格有關且最為明顯。高層並非一直都是那些擁有高情商的人；畢竟，管理和領導之間存在著巨大差異。

還有，「你的職位本分」也要考慮。在多數情況下，你不會逾級去找上司的上司，並要求他們叫你的上司做一名更適切的管理者，至少這不是常態。

因此，為了得到所需的指導和代表，你要帶著和管理他人一樣的奉獻精神（如果有的話），關照你的主管和同輩。

十分諷刺的是，有時主管的立場最不利於跟下屬打交道。奧黛莉．威納（Audrey Weiner）博士是新猶太人之家（The New Jewish Home）的前執行長，她向我們講述一家大型醫療保健機構聘請了外部公司，對中高階主官進行一系列的廣泛評估。那是一個複雜而詳盡的流程，包括給每位主管的直接回饋，同時與執行長諮商，然後是解決相關問題的輔導講習。當這名公司「長字輩」（C Suite；英文職稱以C開頭）的主管參與這個評估流程時，對結果感到有幫助，但不是完全正面。

「他很擅長向上管理，並與自己的同輩合作，」威納說，「可是，直屬於他的人卻提到他缺乏管理、訓練及對問題的反應能力。即使有指導，他也始終無法做到必要的改變，成功扮演自己的角色。」

如同威納指出的，發現問題永遠不夠。每個人都必須願意且能夠「360度環視」，承認每個方向都有進步的空間，而且願意投入所需的精力和時間來達到真正的改變。她斷言一連串的成長陡增（growth spurt）只能持續一段時間。

「在這個特殊組織，」她補充道，「當這個人無法改變時，好幾名團隊成員最後選擇離開並到其他機構。」

這是沒有認真看待「360度管理」所要付的代價。

對現今盡職盡責的員工來說，無論在職場食物鏈何處，「360度管理」還有一項值得一提的優點：藉由積極參與管理方面在各個方向上持續給予及提供你的指導，你不僅僅對自己的命運負責，還能充分理解並欣然接受組織中相互依賴的關係。這就是所謂的十倍力者。

「栽培人才，讓他們好到足以另立門戶；善待人才，好到讓他們都不希望離開！」

——維珍集團（Virgin）董事長 理查·布朗森（Richard Branson）

多少管理才算充分？

蘿拉·德利佐納（Laura Delizonna）博士最近發表在《哈佛商業評論》一項關於團隊績效的兩年研究中，[1]透露谷歌績效最高的團隊有一個共通點：心理安全感（psychological safety），也就是認為自己不會因為犯錯而受到懲處。如同谷歌的產業主管（Head of Industry）保羅·山塔嘉達（Paul Santagata）說的，「我們的成功取決在勇於冒險的能力，以及是否能在同儕面前顯露自己的脆弱。」這份資料特別有價值，因為，任何谷歌取得的成功都會是有用的數據。

為了增強安全氛圍，山塔嘉達採取六個步驟：（一）、抱持共同合作，而非互相敵對的態度化解衝突；（二）、建立人與人之間的溝通；（三）、預測對方反應，同時擬定對策；（四）、以好奇心代替責備；（五）、針對訊息傳遞，要求提供回饋；（六）、衡量心理安全感。

步驟（六）與我們「360度管理」的洞察力密切相關。在我們看來，卓越的管理及其能夠帶來的安全感是公司最大的無形資產。

然而，人們考慮管理時，通常不會想到安全感。

在 Betterworks 一篇標題為〈大家都討厭被管理——組織（及管理者）該怎麼做？〉（*People Hate Being Managed—What Organizations [And Managers] Need to Do Instead*）的文章中，❷作者黛博拉・霍爾斯坦（Deborah Holstein）指出只有七分之一的員工認為考績能激勵他們進步。「新聞快報！」她寫道，「沒有人希望被管理，『管理』一詞甚至讓人有被控制和操縱的感覺。」

霍爾斯坦看出缺少訂製的常規，是邁向良好管理的障礙，她解釋：「如果員工收到自己主管的回饋，而這名主管向來沒有積極參與他們的開發，那麼他們極有可能拒絕任何建設性評論。這很正常。如果員工覺得自己的主管並非真正了解他們、他們的工作及優點，為什麼要相信主管知道自己哪裡需要改進？許多發現自己處於這種情況的員工，甚至可能質疑自己的主管是否有資格給予他們回饋。還有當考核流程與獲得獎金、加薪及晉升密切相關時，無論象徵性或字面上，員工都無法做到毫不隱諱地坦白。」

很難碰上優秀的訂製管理，但完全沒有管理的工作場所看起來會是什麼樣？關於良好管理的重要性，有一個奇特、但也反映了真實情況的反例是，亞馬遜旗下薩波斯的執行長謝家華實施一種稱為「全體共治」（Holacracy）❸的制度，試圖廢除傳統的管理角色。根據《商業內幕》報導，這種自我管理體系是布萊恩・羅伯森（Brian Robertson）開發的，羅伯森曾是軟體開發者及企業家，後來成為管理大師。透過「全體共治」，謝和羅伯森所提倡的工作流是讓工程師能在沒有主管的管理下徹底開發構想。

表面上，這聽起來很棒。工作的處理方法是依始終都在變動的「角色」而定；舉例來說，不是負責銷售的員工可以擔任行銷角色，除了保有自己的職責，他們應該還要有強烈的欲望（和衝勁）。「全體共治」取代了管理，採行的是羅伯森所謂的「領導鏈結」（lead links），也就是指派角色並代表「他們圈子」的人，但有一個主要的區別：這些「鏈結」一點也不用對監督的人負責。

謝的崇高實驗造成若干嚴重的受害者，這並未令我們感到意外。當謝要求「全體共治」的電子郵件透過公司伺服器寄出時，整個組織分裂成三派：相信的人、不相信的人，以及那些「儘管態度保留、但因舒適便利而決定留下的人」。所有正式頭銜均被廢除，公司一成四的人自動離職，多達二百一十名員工。

一名不滿的員工表示，由於「全體共治」的措施，「大家總在擔心會不會因為說了或做了什麼，結果讓管理者認為自己並非『文化契合』而丟掉工作。」另一名員工形容這項變動是步向「混亂氛圍」的改變，其中包含了「令人討厭的社會實驗」。一名感到困擾的員工只給公司兩顆星的評價，並對高層只為支持某種意識形態而容許這麼多優秀員工離開表示惋惜。

這個故事為我們上的一堂課再簡單明白不過：沒有管理絕對不是解決辦法，減少管理通常也不會是。現今企業需要的是一種改變遊戲規則的體系，也就是著眼於所有人的「360度管理」，而這種管理體系富有彈性、敏捷、人本，且免於恐懼。

實施「360度管理」之後最重要的其中一個結果是，通常會淘汰那些與特定組織的文化契合度不高的人。在我們自己的職業生涯有好幾個實例，不同的專案都遇過不合適的人。這些人有的是員工，有的是客戶，還有一些不幸的例子甚至是事業夥伴。每次這種情況發生時，我們都等待太久才採取行動。其實坦白說，我們通常根本沒有採取任何行動，在許多情況下，一直等待別人採取行動。我們不僅不斷選擇暫且相信對方，而且打從心底認為，如果我們行事得當，就能讓這些人「重新振作並好好改進」。（至於改進，我們是指我們希望的方向。）

我們因自己無意識地渴望被賦予同樣的自由而過度寬容，我們應該為自己感到失望嗎？我們只是對自己認為可能接踵而來的衝突感到厭惡，還是我們應該直截了當解決問題？答案莫衷一是；總之，我們緊抓著好幾段令人不悅的工作關係，儘管早已過了容忍期限。這是我們經歷過十分艱難的關係模式。獲得充分資訊時，我們對自己能夠快速成長和改進感到自豪，但面對這樣的挑戰，我們似乎一再重複錯誤，而且必須每天忍受負面後果。這些不是電子試算表上盈虧一覽的結算問題，而是坐在辦公室、一臉坦然地與我們互動的人際難題。痛苦啊！

漸漸地，由於採納並推行「360度管理」，這種不健康的工作狀態已消除了大部分。因有信任顧問的內在洞察力，在上級、下級及同輩之間，我們暴露了自己的弱點和矛盾心理，也才能夠表露自己對難相處同事的真實感受。

採行「360度管理」幫助我們領會到的一件事是：當某人表現失職時，若不處理，你會帶給所有參與其中的人莫大傷害。必須放沒有進取心的人自由，他們才能離開，到一個真正適合他們的地方。

「360度管理」迅速克服了階級制度造成的困境，並且讓每個人更快理解真相。

「與其說難在開發新觀念，不如說難在跳脫舊思維。」

——經濟學家　凱恩斯（John Maynard Keynes）

如出一轍的「仁慈」訴求

KIND Snacks是墨西哥裔美籍實業家、慈善家及作家丹尼爾・盧貝茲基（Daniel Lubetzky）創立的兒童零食品牌，這個品牌可謂在職場實踐「360度管理」一個激勵人心且活生生的例子。在公司成立之時，KIND即以「不單只是為了營利」做為註冊商標（not-only-for-profit®），同時也宣明以「一個零食一次行動、讓世界變得更友善」做為品牌使命。

這家公司迅速且蓬勃發展，撰寫本文的同時，KIND已是全美成長最快的零食公司，估計市值超過四十億美元。

盧貝茲基是造就這一切的主腦，他是具有影響力和自信的遠見卓識者，在其他情況下，可能會成為宗教人士或政治領袖。事實上，他在邁向富有同情心的商業實踐上能成為如此引人注目的一號人物，其中一個原因是他本身並非來自企業界。盧貝茲基的父母是二次大戰大屠殺的倖存者和墨西哥猶太人，他最早的成就包括了在哈斯科什蘭協會（Haas Koshland Fellowship）的資助下，撰述有關阿拉伯人及以色列人可以透過商業活動促進和平的方式。他形容自己是「致力於為人與人之間建立橋樑的社會企業家」，在零食業迅速取得巨大成功，也沒有讓他偏離自己最初的使命。他持續在利他與資本主義之間開發獨特的混合產品，最新推出的 Empatico 平台（https://empatico.org/）是一項耗資兩千萬美元的產品，旨在透過與全球各地同齡人之間富有意義的互動來擴展孩子們的世界觀；還有 Feed the Truth（https://www.feedthetruth.org/），則是藉由讓真相、透明及誠實成為現今食品制度最重要的價值，藉以改善大眾健康。二〇一五年，當時美國總統歐巴馬（Barack Obama）和商務部長潘妮・普利茨克（Penny Pritzker）任命盧貝茲基為「全球企業家總統特使」（Presidential Ambassador for Global Entrepreneurship），他也被委派擔任反誹謗聯盟（Anti-Defamation League）創始董事會的董事。

團結、合作、相互依賴，盧貝茲基和他的團隊體現了新的時代。

「很大程度上，這是開放的菁英領導體制（meritocracy），」他驕傲地說，「我見過許多例子，許多地方實際上令人欽佩，但不知怎麼就是無法創造開明的職場。我認識其中一名被認為是歷來最好的執行長，他是令人印象非常深刻的人，但要是你了解那家公司的文化，從來沒有人敢反對那位執行長或他說的任何話。員工不會對抗執行長，因為知道下場不會太好。我很害怕變成那樣。」

盧貝茲基了解後期資本主義的悖論和隱患，他的自我檢視（self-scrutiny）是他的十倍力的特質。「你愈是成功，愈加認為自己不可能犯錯，愈逼近覺得自己絕對正確的危險，也會愈發恐嚇大家。這不是我想要的。」

有鑑於此，他以自己的價值觀建立KIND的基礎，也就是透明、誠實、所有權及批判性思考。「我很歡迎不同的看法，」他說，「所以我主要嘗試做的其中一件事是，創造一種我們能夠培養批判性思考和批判性傾聽的文化。我們歡迎回饋，歡迎大家說：『我不同意你。』而這麼做時，我們可不會表現得像混蛋那樣。在這裡，我最信任的人都有點愛挑釁，不是為了挑釁而挑釁，因為那會令人惱火。不過，他們是真正的批判性思考者，心態健康、抱持懷疑態度的人。」

為了建立這種「開明氣氛」，KIND進行團隊定位，當中包括新、舊成員獨特而古怪的告白，如果他們不說，沒有人會發現那些隱祕的生活細節。在最近一次的討論會，一名新進成員坦承患了不為人知的恐懼症，因而引起整個團隊對恐懼症的討論。「我們最終彼此分享且變得更團結，我們全部的人都是。」

對盧貝茲基來說，這種定期的練習不僅僅是「見面跟打招呼」，同時也是每位新進雇員都被允許、甚至積極鼓勵他們探問所有事物，坦率直言的關鍵時刻。「非常重要的一點是，大家都能體認到這不只是工作，而且我們對待彼此就像家人一樣。在那個房間裡的每個人都是平等的！」

顯然，仁慈是盧貝茲基的核心使命，不過他對仁慈的看法跟很多人不同。「很多人將仁慈和軟弱混為一談，因為他們認為友善是仁慈的同義詞，」他有點語帶厭惡地說，「在沒有任何東西敦促你做對事的情況下，你可能友善卻被動。真正的仁慈包含了行動，你必須成為自己故事的主角。」

一家市值十億美元的公司能秉持仁慈這樣的概念是否看起來違背直覺，盧貝茲基迅速解釋，從某個角度看，仁慈和主動找出問題答案具有相同意義。「友善的人通常不願意面對挑戰，但仁慈的人本質上至少都會嘗試解決問題。友善的人只是不會霸凌別人，而仁慈的人會勇敢面對霸凌。」

依我們來看，盧貝茲基對於職場仁慈的洞察力正是直接邁向「360度管理」，亦即開明文化、分享意見、誠實表達、健康的回饋交流及共同解決問題，一切受到真正安全的保護。盧貝茲基贊同、但指明這對公司來說是一條學習曲線，仁慈和當責不會在一夕之間取得平衡。

「幾年前，我們沒有這麼多人，」他回憶道，「但公司營運還不錯，所以不管怎樣我都會發給大家獎金。我們創造了這樣的環境，使得某些人開始期待一些東西，這是一種應得權利的文化，而不是我們想要創造的菁英領導體制。很多人開始思考，由於我們『仁慈』（同時比了雙引號的手勢），所以沒有人遭到解雇，也沒有人未拿到獎金。好吧，這行不通，因為表現傑出的人和表現沒那麼出色的人必須有區別。你還須要建立一個當責的文化，缺少當責，你對任何人都不仁慈。當你因為覺得自己基於友善而不願提供他人回饋時，實際上會造成他們極大的損害。」

不可思議的是，KIND甚至重新定義了一項最令人不愉快的工作處置：終止雇傭。他們一直都有終止（合約）的理由，而且總是提供團隊成員超出正常的資遣費，但遊戲規則改變最大（也是最十倍力）的，是他們對待工作的態度。

「我們不『開除』人，」盧貝茲基說，「並不代表我們不讓員工離開。意思是說，我們不會用卑鄙的方式請你走人。當然，如果某人是罪犯、從事不當性行為、種族主義者或做任何糟透的事，你必須馬上驅逐他們，因為他們會危害到其他人。但在多數情況下，你須要提醒自己這些人是你帶來的。如果情況進展得不順利，不只是他們有事。」

從簡短倉促遞出解雇通知、隨後保全人員現身，這是一個人道且令人耳目一新的轉變。KIND甚至經常會召回資遣的人幫忙尋找和訓練接替者。這不是「朋友再見」，而

「你依然是家人，我們也仍舊支持你。」

「當某些人必須被解雇時，我們會先責怪自己，」盧貝茲基說，「事實上，我們有時很慢才發現這些人並不適合我們的工作，他們就是無法勝任，而我們自己也要負責。你做的每件事不是加強，就是損害仁慈與當責的文化。」

相反的，如果有人希望離開，盧貝茲基學會不要試圖留住他們。當他們已經心不在此，那就放他們走，這也是一種仁慈。

全然採用360度的管理方式，盧貝茲基也沒有採行六個月或一年的審核文化。他相信給予和收到立即回饋始終具有建設性。「優秀的領導者從各方尋求回饋，」他堅決認為，「最終是你帶入組織的那些人定義你成為什麼樣的人。」

根據盧貝茲基的說法，KIND團隊成員的目標是體驗「所有權」，他從兩個標準來定義：財務和文化。財務是全面的，「每位全職的團隊成員都有認股權。不論年資，每個人都是所有者。KIND目前有四百多位所有者。此外，每個人都有資格獲得獎金，而且我們有一個長期的現金獎勵方案，組織裡的任何人都可以利用，並非只限定資深成員，也沒有階層之分。」

文化所有權比較難定義，但同樣必要。「公司的所有權意味著鼓勵員工在每個階段表達自己的意見。我們欣然接受挑戰，並尊重大家願意質疑信條及臆斷。由於擺脫了臆斷的誘導，我們解決了許多最艱難的問題。」

一方面，這就好像KIND把團隊的每位成員視為獨立的企業家，能以非常有效的方式參與及尋求指導，並且能夠從公司取得的所有重大成功中獲益。整個公司運作如此順暢，機率很小卻是真實發生的奇蹟，也證明了多方位管理和開明文化的力量。盧貝茲基依舊喜愛社交且盡職盡責，你不得不認為，再也沒有人比他更好了。

「我從未努力成為有錢人，」他說，「那從來就不是我的企圖。我希望創造積極正面的影響，藉以建立橋樑。在還是九歲大時，我的父親便告訴我他在大屠殺期間的經歷，被關進了某個集中營，這把我嚇壞了。他並沒有因此打住，而是繼續講述人們如何在心裡升起……勇氣面對最悲慘的遭遇。仁慈是他存活下來的唯一原因，與我父親同齡的只有一％的人在大屠殺中倖存，因為納粹討厭小孩。但因為仁慈，他活了下來……這促使我想要促進相互之間的同理心、尊重和慈悲。這就是一直驅策我的東西，也是我的『真北』（true north，也就是北極星）。

走廊管理

你可能覺得自己認識紐約 Z100 電台的埃爾維斯．杜蘭（Elvis Duran），而且很可能聽過他談話。從一九八〇年代初期至今，杜蘭一直是廣播主持人，自一九八九年以來就在 Z100 擔任主持人。他於一九九六年開始主持的晨間秀是跨越大約八十個電台、XM

衛星廣播及 iHeartRadio 應用軟體的聯播節目。撰寫本文期間，《埃爾維斯杜蘭晨間秀》（*Elvis Duran and the Morning Show*）名列全美最多人收聽的四十個晨間節目之一，勇奪將近八十個地區的收聽冠軍。他簡直就是支配了整個國家。

儘管如此，這位巨人進公司上班時，認為自己只是協力合作、共同承擔責任的其中一名團隊成員，而這個團隊有一些離經叛道的行事作風。他們避開會議，寧願在走廊閒聊。他們不做過多或超出必要細節的計畫，氣氛總是非常歡樂，而且很享受彼此的陪伴。他們互相提出需要智慧且困難的問題，同時又彼此支持。

如果這聽起來比較像一起廝混而不像實際工作，請記住，在美東時間每一個工作日的上午六點到十點，他們都會播出令人愉快、複雜多元且幾近天衣無縫的節目。儘管大帳幕上印的是杜蘭的名字，他仍以全體來看待整個運作。

「這就是我們的小宇宙運作的迷人之處，」杜蘭解釋，「我對一起共事的人說得很清楚，我不是他們的上司。是的，到頭來我是最大聲的人，你知道嗎，當牽涉到很多決定時，最後可能會是我說了算。但我不希望他們把我視為其他階層的人，我必須偕同他們表演，因為一天有四個小時，我們會一起在舞台上。還有，我不能在廣播中斥責人，不能糾正他們，最好的辦法是像朋友一樣激勵他們。這個工作準則也渲染到我們下了節目之後的關係。」

杜蘭生於德州，定居紐約很長一段時間。他斷斷續續播出的標誌性談話風格是兩種截然對立的溫暖融合：輕鬆緩慢地拉長母音說話和大都會滔滔不絕地高談闊論。他會用非常詼諧的南方鄉村男孩宿命論語調談論自己的日常，儘管困難重重，但對於一切似乎都能運作感到驚奇。

「我們的辦公室真的就是人人均可為所欲為，」他說，「有些人說笑話，其他人則試圖勝過他們。不過，大家都知道可以隨意表達自己的意見。他們知道我對他們提出來公開討論的東西深感敬意，而且我做不到他們能做到的，沒有他們，我會迷失。」

杜蘭的門永遠為工作人員敞開，但令人驚訝的是，他比較不愛將工作帶回家，而且表明自由交換想法和意見完全是自己的個性使然。「我們又不是要建立開明氛圍或什麼正式氣氛。我們用這種方式工作，只因為我討厭胡扯。我只是不喜歡浪費時間，也不堅決認為應該要坐下來開會，我不喜歡那樣。我們就在走廊舉行，你知道的，『你對這個有什麼想法？』『太好了，我們就這麼做，行動吧！』」

杜蘭所描述的是「360度管理」的最佳展現，一個所有角色都能不受拘束、相互交流的組織。令人難以置信的是，除了妥善照顧來賓或精心製作全新片段的必要準備，他和團隊甚至沒有確實策劃四個小時的節目。從煞費苦心的嘗試和錯誤中，他們發現過多的準備會破壞節目的流暢。「畢竟星期五早上進辦公室時，不再有星期四晚上的心情了。」

當然，這種即興發揮的主持手法有時會嚇壞或惹惱公司的高層。

「他們會問明天的節目內容怎麼樣？然後我會說：『不曉得！』那就像『這是什麼

樣的商業模式？』」杜蘭笑著說，「不過，這使我的團隊總有新穎有趣的點子，因為我們彼此信任，我們相信點子就在那裡，相信自己會互相聽取什麼可行和不可行。而且你知道嗎？我們最終會有足夠做十個節目的素材。」

在向上管理過程，杜蘭理解並尊重公司的憂慮，因此為了彌補，他將自己的團隊磨練成幾乎完全自給自足、一種高功能的島嶼。「公司的人整天四處忙著滅火，」他說，「我盡量不成為火苗。」

如同盧貝茲基和KIND能量棒，值得注意的是產品本身的整體性似乎有益於增進員工之間的關係。共同的使命感可以改變真正製作（遞送）商品的人。在製作的節目中含有勵志性的談話時，比方說鼓勵人們走出去改善自己的生活及人際關係，杜蘭和他的團隊注意到收聽率確實有大幅飆升，也發現團隊的溝通獲得了改善。在新職場，能將團隊與使命價值結合起來的，就會是關鍵的遊戲規則改變者。

「透過廣播談論生活的積極面及激勵人們的同時，」杜蘭說，「恰好也激發了管理團隊。在我們的辦公室，工作會報幾乎就像是四小時的現場直播節目。

杜蘭表示，「我們做的是友誼事業。人們在上班途中的車裡，不是剛撇下床第之間的不愉快，就是正進入與上司之間的糟糕關係。他們每天需要二十分鐘到一小時有個自己能信任的人。」

這對杜蘭、他的聽眾及組織都起了作用。如同史普林斯汀的團隊，資深是件值得重視的事。杜蘭以擁有五名跟了他二十五年的員工而自豪，在四處流浪的廣播界可說是很少見。在前工作人員離開很久以後，他仍會想方設法支持他們。他也談到自己的員工，包括音控師、行政人員及其他人，對他們充滿敬畏和敬意。

有一次，杜蘭渴望成為節目總監，自己「設計」廣播電台的錄音製作，但管理者的正式職責卻絆住了他。「監督人並非我的專長，我以前從未做過，也不喜歡。我討厭半夜兩三點接到某人電話，告訴我喝得太醉無法上班。我不喜歡這種責任，但要從中學習。」

杜蘭帶著再度出發的使命感在Z100電台重拾麥克風。當過去在唐布赫瓦爾德經紀公司（Don Buchwald Agency，代理的有霍華德．史登〔Howard Stern〕、凱瑟琳．透納〔Kathleen Turner〕及其他藝人）任職的大衛．凱茲（David Katz）與杜蘭洽談聯播節目的願景時，引起了杜蘭的興趣。Z100對這個想法猶豫不決，但杜蘭和凱茲展現真正的十倍力作風並決定自己製作。最後節目像野火一樣蔓延開來，接著必然發生：他的團隊擴編，同時需要管理。這時，杜蘭有效運用了360度的管理風格。

「我學會愛上它，」杜蘭解釋，「因為事實比較像是倒過來，我的團隊管理我。他們知道什麼能讓我核對後打勾（接受或同意）。我對廣播沒有興趣，因為那是一份職業，而我開始感興趣，因為這對我來說不是職業。我是一個難對付的頑劣小孩，我不想成為童子軍，我不會打棒球。但是，我必須與人聯繫和溝通。我父親是一個說故事高手，愛開玩笑、風趣、每天（下午）五點邊喝波本威士忌（Bourbon Whiskey）邊跟朋友講笑話的那種人。我希望像他那樣。廣播使我領悟到如何實際與人溝通，所以每次想到它是一份職業時，我都會有點退卻，還有無論誰管理我，為了獲得更好的回報，永遠都要了解這點。」

打開你的管理界限

前面提到的兩個實例，從發號施令的高層到整個組織的經營管理，你看到了改變遊戲規則的藍圖。根本上來說，必須由上而下著手，「360度管理」才會真正發揮效用。

儘管如此，你仍有很多事可以做，無論是對下級、同輩或上級，以便改善組織架構內的環境。「360度管理」是我們在〈第三章〉探討可管理性時談論到的5D版本，你可以把它視為圓形的可管理性。這種全景式的綜觀絕對必要，為了成為十倍力者，你必須願意學習、樂於尋求建議，最重要的是善於雙向溝通，而且不只是你與上級之間。

無論身在何處，你都需要尋求指導。

沒有回饋時，那就從你可以找到的可靠來源獲得。即使帶來痛苦，你也要能夠接受。

我們一次又一次注意到，面對批評時，真正的十倍力者從不生氣或防衛，從不告訴你為什麼你的評論不真實，還有最重要的是，他們從來不會推卸責任。真正的十倍力者會說：「謝謝你，我沒有意識到自己會這麼做。你可以再多告訴我一點嗎？我好更進一步了解，並且修正路線。」這就是好奇心主宰一切。

相反的，那些難以管理、永遠無法成為十倍力者的人往往會跟每個人——上司、晚輩、同輩，甚至家人都有溝通問題。縱使難管理的人才能在短時間內賺到很多錢，他們與企業的關係最終還是無法維持，因為他們不會容許自己運用「360度管理」。結果，難管理的人才拒絕審視自己的弱點，拒絕與其他人建立深入的聯繫，也拒絕在其他人最需要的地方提供自己的建議。

十倍力者了解自我提升是對自己的時間、財富及精力最有成效的利用，這是關鍵所在，也是最好的投資。然而，在不了解究竟誰是你的上級、下級和同輩的情況下，試圖獲得自我提升也可能會讓人誤會，進而被胡亂猜測。一旦人才欣然接納「360度管理」，他們就能創造快速成長的空間。

「360度管理」並非即時對策，每一種情況都需要用各自的策略應對。以下提供一些職場經常反覆出現的挑戰，有些是可以用「360度管理」應對的。

場景一：橫向管理

目標：「我希望自己在工作上能贏得更多認可和讚美。目前，這部分很少。」

情節：「我真的把工作做得很好，但很少被認可。」

行動：首先，請教其他人，弄清楚自己是否確實做了該做的工作。如果同事知道你是能接受事實的人，他們大多數都會誠實以告；其次，吸收同事成為你的擁護者，你也當他們的擁護者做為交換。

步驟：

一、從已知的人選中確認適合的夥伴。

二、跟他們一起離開辦公室，以便坦率交談。

三、解釋「第三方效力」的本質和價值。

四、詢問他們是否願意成為彼此的啦啦隊員和擁護者，只要時機恰當及允許，在其他一起共事的同仁面前互相稱讚。

五、如果他們覺得這項提議不適合自己，務必確保他們可以放心說「不」。你不會想發現他們不喜歡你或你的工作時，還一心想要達成這項協議。

六、邊進行邊調整，確保雙方都不會做得太多或太少。

隱患：

一、你可能沒有把工作確實做好，在這種情況下，你的提議會很難被接受。

二、如果你的做法過於公然或明顯，其他一起共事的人就會認為這種讚美是「雇來的」。

三、你可能挑選了難得把工作做好的人，在這種情況下，你自己的信譽會有下錯賭注遭受重擊的危險。

四、你可能極力吹捧他們，而他們卻拋棄你且不回報。這是常有的事。

場景二：向上管理

目標：「我必須在工作上取得進步，這麼做會需要更多的回饋。」

情節：「我有旺盛的企圖心，希望繼續成長並朝著十倍力邁進。我的公司每半年進行一次考核，但這些不夠，也沒有被認真看待。這些考核看起來像是『在條列式選項上打勾』的練習。」

行動：徵求你的主管幫助你達成這個目標。

步驟：

一、評估各種情況，並嘗試找出潛在障礙。

二、寄封短信向上司說明請求：

敬愛的＿＿＿＿，

非常希望您不會介意這封正式信，但我眞心希望獲得您的幫助，我以最恭敬的態度且經過認眞考慮後才寫這封請求信。我極其渴望自己在這裡的職責能有發展和提升，而您的指導迄今一直都非常有幫助。

因此，我想知道自己是否能獲得您的一些幫助，因爲在某種程度上，我們的目標一致，而且我做得愈好，對我們整個團隊來說也會更好。

基於這點，不知道您是否願意透過以下一種或所有方式提供我更多的回饋？

- 即時，也就是每當您看到我做得好或不好時，請務必讓我知道，並且一定要告訴我怎樣才能改進。
- 每月，也就是每個月我們能快速坐下來十五到三十分鐘，檢視我的工作並討論哪裡還有進步的空間。
- 每季……跟每月一樣，只是不那麼頻繁。

感謝您的寶貴時間及考慮我的請求。若有任何問題或疑慮，也請不吝賜教。

三、評估上司的回覆並隨之調整。如果是正面，務必列入行事曆並簡單化，讓他們易於實現允諾。

隱患：

一、上司說：「不可能。」應變方案：可以退一步詢問他們是否願意用電子郵件或短信代替坐下來。如果真的沒有任何可能性，你可以詢問同輩相同的請求，並為他們做同樣的事做為交換。

二、上司說：「可以，」但之後從未花時間做。

三、上司連回覆都沒有。

場景三：向上管理（再次嘗試）

目標：「我希望加薪及升職。」

情節：「我認為自己做得很好，獲得主管的正面回饋，在達成目標方面也有實際成果。然而，迄今沒有因此受到獎勵。」

行動：徵求你的主管幫助你達成這個目標。

步驟：

一、評估各種情況，並找出任何障礙。

二、寄封短信向上司說明請求：

敬愛的＿＿＿＿，

希望您一切都好，也希望您不會介意這封正式信，但我很想獲得您的幫助，並以最恭敬的態度且經過認真思考後才寫這封請求信。

如您所知，我已（列舉自己所有的成績、在公司的年資、對工作的熱愛，以及與公司相關的任何其他積極作爲，包括指導員工、達成目標、打破紀錄、締造銷售佳績等等。）

綜合上面所述，以及您對我的工作與表現給予的所有正面回饋，我基本上認爲（並希望）這些貢獻爲您、我和團隊其他成員帶來好的影響。我知道我們全部的人必須同舟共濟，因此相互支持幾乎是我最重視的一件事。我曉得您了解，並且這麼認爲，這也是爲什麼我寫信向您求助的原因，請您幫助我在薪酬及職位上做一些實質的改善。我相信若由您決定，那會很容易，但由於牽涉到其他人，我很希望您會擁護我的權益。除了您的資歷和領導才能，若有其他人讚美您一定會更好。甚至可以說我在上一段寫的，連自己都覺得有點尷尬。

假如您答應這個請求，爲了處理起來更容易，有任何我能夠提供的，我會很樂意處理所有繁重的工作。

感謝您的寶貴時間及關注，如有任何問題或批評，也請不吝指教。

三、在收到回覆之前，定期採取進一步的行動。

隱患：

一、你的上司不同意你的評價。如果是這樣的話，讓你知道一下，你可以請求嚴厲的回饋。（1）、你是哪裡弄錯了？（2）、有什麼地方需要直截了當地說？

然後再試一次。

二、你的上司同意，但有其他阻礙，例如預算削減、他的上司並不關心、公司遇到了麻煩等等。

場景四：斜向管理

目標：「我想支持下級的一位或多位團隊成員，儘管我可能是或可能不是他們的主管。」

情節：「我知道支持性環境有助於提升工作滿意度及整體績效，而我希望透過鼓勵及幫助團隊中階層在我下面的人，為自己的工作場所盡一份力。我也知道我們的目標一致，所以想要幫助他們成功，因為這對整個團隊也有助益。」

行動：

一、逐漸熟悉下級的團隊成員。

二、確定這些成員確實都很棒，接著誇讚他們。

三、對於那些還不是很成熟的人，在做得到的地方給予他們指導及支持。

附帶結果：以身作則可望帶來感染力，不論是自我吹捧、誇讚、或指導下級，團隊中的其他成員很可能也會跟進。

隱患：

可能幫助的是邪惡的人，而你誇讚的人不是做了糟糕的事，就是在他們有能力可以這麼做時卻不回報你。顯然，幫助邪惡的人不會為你贏得主管的青睞，但不要讓這種特例阻止你繼續支持和指導下面那些值得你這麼做的人。所有的情況都能累積功德。

在下一章，我們將同時從兩邊看事情。對於時而當管理者、時而當人才，我們將探討其中的含意，也會說明善於身兼兩者為何絕對必要。

本章重點

一、「360度管理」意味著支持、開明及安全的文化，亦即你的上級不僅保護你，而且給你充分表達自己想法的自由；與你層級相近的人必須感到有足夠的能力幫助你及獲得你的幫助；而你的下級有勇氣支持你並向你提出他們的想法、質疑和不幸。

二、本質上，「360度管理」是將你的主管、同輩、下屬變成我們所說的卓越管理者。

三、並非每個人都熱衷管理。這是為什麼在管理方面持續給予及提供你指導，扮演積極的角色，接受管理也是對自己命運負責的一種方式。

次要場景

情節（如何……）	你可以這麼說
感謝那些給予回饋的人。	雖然有些聽起來很難受，我還是非常感激您花時間與我分享。如您所知，我真的希望成長和進步，而您的意見彌足珍貴。請盡可能頻繁且坦率地繼續提供，我可以承受得住。（微笑）
如果僅僅只有負面回饋，請求提供正面回饋。	非常感謝您的意見。雖然聽起來難受，但對我能獲得改進會很有幫。比起任何正面的回饋，我知道自己能從這種建設性的批評中學到更多，不過我也很好奇，您覺是否得我在某些方面表現突出或有實際的進步？這項訊息將使我更能了解什麼做得好，並應給予支持。為此，再次感謝您。
當得到負面回饋時，與你的主管一同提出改進辦法。	這個回饋非常好，針對您發現到的缺點，我真的希望能夠改進。為此，我想知道您是否可以幫助我規劃一些改進的行動步驟和目標？
藉由了解你的主管及評估他們反應的細微差別，適切地向（職場）食物鏈上層提出想法。	你必須了解自己的主管。如果他們真的是能分享資源的人，那麼可以更直接、坦率、明白地提出你的想法： 我正好想到如何製作／改進／完成X，很希望有機會與您坐下來並提出我的想法。我認為這可以為Y做出實質的改變。 相反的，如果你的主管是那種凡事必須出自他們的主意，你可以嘗試這樣表達： 您提到的一些事激發了我對如何製作／改進／完成X的想法，很希望有機會能跟您坐下來一起討論。我認為這可以為Y做出實質的改變。
帶著好奇心，而非防衛心請求回饋。	真的嗎？我沒有注意到自己會這麼做，但我很渴望聽取並學習到更多您的經驗，以便有所改進。

情節（如何……）	你可以這麼說
創造適當時機與主管討論你的目標。	關於我在這裡的角色，我知道我們不常有超越一般性的交談，但我想知道是否我們可以騰出一個時間討論我如何更能達到您為我設定的目標，進而提升個人的職涯發展。在自己如何更幫助到您及您自身的進階事務方面，希望能獲得您的指導，這也是我對這次交談的部分期望。
知道如何表達不贊同。	一開始先重述你想表達不贊同的項目，如此能夠確認自己實際了解對方建議的事情。一旦這點確認了，順勢表達正面及負面的想法。 所以，如果我沒誤解的話，您是建議X由Y來執行／管理／等等，這樣對嗎？好的，鑒於我似乎理解得沒錯，雖然我喜歡這個概念的A、B或C，但有些問題令我擔憂。您願意聽聽看嗎？
向（職場）食物鏈上層提供回饋	我希望跟您聊聊自己的經驗，也想知道您是否接受我給予一些坦率的回饋？（一）、我知道我們彼此認識不久，但覺得我們的關係是這麼的融洽，因此能夠與您分享，不過只在您明確的許可下才會這麼做；或（二）、鑒於我們過去的穩固關係，我相信你會想聽，但只在您明確的許可下，我才會提出來。
理解同輩和下級提供的回饋能像上級一樣有效用。	我帶著謙卑並強烈請求您能給予回饋。我們一直保持很多聯繫，我也非常專注於了解更多自己的缺點、盲點，以及其他需要深入改進的地方。 我的目標是： 一、了解您知道，但我不知道的自己。（請參閱喬哈利窗的左上區） 二、找到提升自我的工具和方法。 三、根據一和二，為自己設定目標。 非常感謝您的寶貴時間，這對我來說極為重要。

情節（如何……）	你可以這麼說
當你的領導者或上司不會籌劃時，在混亂中保持井井有條。	考慮到這些目標，制定實現的策略性計畫會不會是明智的做法？在您同意的情況下，我很想設計電子試算表／時間表／計畫管理工具／文件等等，將誰負責什麼及何時完成排列出來，這樣我們就能像團隊一樣朝著共同目標緊密合作。這對我們來說，會不會是可以接受且有幫助呢？
沒有成功指標時，請求提供。	我十分高興按要求來做，但對於成功，很希望能有更明確一點的定義。為了確定自己在做需要做的事，而且能夠做得很好，我們可以在這個嘗試上加一些可衡量的目標嗎？如果目標還不明確，我很樂意與您一起提出並加以説明，但最重要的是，我希望能有一種方式可以衡量我的表現，因為我知道這是一項有意義的任務。
始終付出超乎期待的努力。	這應該是顯而易見，但最成功的人必定有他們成功的原因。當其他人躲避工作或尋找捷徑時，他們不會，反而自願做比較困難的工作，樂於幫助同事執行專案。簡單説，成為其他所有人都信賴能將工作完成的人。 鑒於您已經制定了明確目標，我想再多盡一點力並完成X。在此之前，我只是想確認這麼做是不是可以被接受，以及會不會是一種積極盡職的表現。請讓我知道。謝謝！

情節（如何……）	你可以這麼說
絕對不要理所當然地認為。	我們在本書已經提到很多，但溝通是任何成功的基石。絕對不要以為別人知道你知道的，也不要認為其他人會做什麼事。保持清晰、過分強調及過度溝通，直到你充分了解隊友及主管，才會曉得哪些事需要詳加說明，哪些不用。 感謝您的教導。我想我了解完成X需要什麼，但只是想再次確定，以便更加清晰明確。能否請您確認所提到的X，意思是指Y嗎？請讓我知道，我就會著手進行。謝謝！
不畏避告知壞消息。	失敗和成功都能教會我們一些事。但實際上，人性使我們傾向於立即宣布成功而隱瞞失敗。當事情進展不順利時，不要等待，盡快溝通。你將受到主管和同事的尊敬，並且贏得名聲，因為總會有人在情況變得棘手時跳出來。每次都盡可能試著在告知壞消息的同時，也傳達好消息；這始終能幫助接受者更有效地理解消息。 大家好， 我有個壞消息和一些（算是）好消息。我憎恨發這封信，當然也希望您們不會對我這個發信人開砲，但鑒於X，Y將會無法達到預期目標。造成這種情況的原因是……。儘管我們期望有另一種可能性，但我們覺得已經從各方面做了仔細檢查，這似乎是最好的選擇。 好消息是：我們即早發現，從錯誤中學習，因此能省下時間和金錢，產品將會更好，團隊齊心協力，加倍努力，現在我們可以緩和下來，避免進一步損害。

情節（如何……）	你可以這麼說
請求幫助。	剛進公司或加入團隊時，盡你所能提問。你的本能或許讓你想要自己嘗試及自行理解。請不要這麼做，因為每個人都能體會你的處境。你唯有先適應新的環境，然後才嘗試找出解決方案。但即使經驗老到的員工遇到不熟悉的阻礙時，他們也會尋求幫助和指導。如果你對提問感到不安，可以肯定的是，你公司的文化顯然不太健全。如果這封電子郵件上提出的問題是常識，我感到抱歉，但我寧可加倍謹慎，也不願一開始就出紕漏。因此，這裡有一些問題將有助於我開始並遞交適切的成果。

四、沒有管理絕對不是解決辦法，減少管理通常也不會是。「360度管理」意味著全方位的彈性及敏捷。

五、為了成為十倍力者，你必須樂於學習，願意尋求建議，最重要的是善於雙向溝通，而且不僅僅是你與上級之間。

六、最終，可管理的人才會了解自我提升是對自己的時間及精力最有效的運用，「360度管理」是獲得提升的快速途徑。

Chapter 9

終極技能——扮演雙重角色

「沒有超級英雄，只有我們。我們是自己一直在等待的人。」

——馬拉拉基金會（Malala Fund）共同創始人　席札．夏涵（Shiza Shahid）

「你認為自己是人才，還是管理者？」不管答案是什麼，都只對了一半。

今天，我們生活在「雙重角色世界」（Double Hat World），無論是否經驗豐富，無論技能純熟與否，每個人都必須學會說另一方的語言及採用他們的技能。在感知上，這是一條對某些人來說更為艱難的學習曲線，但在講求效率、事半功倍（以少做多）的職場環境，這都是必要的學習。

如同我們極力證明的，現在的職場完全不是真的「場所」，而是一種工作流狀態、或一套前幾個世代也無法做到最好的管理規範。隨著員工／雇主這種舊階級模式加速瓦解，至少在某些時候，所有人都將自己視為人才，這變得至關重要。同樣重要的是，每個人有些時候必須把自己看成管理者，負起真正的責任，在需要的地方給予讚美和指導，以及不時控管和領導。除此之外，別無他法。

對於徹頭徹尾的管理者，甚至那些監督同一部門二十幾年的罕見領導者，轉換角色意味著在情況需要時，能激發自己重新成為人才的能力。你管理的可能是一百人的強大團隊，但如果你不是執行長，仍然會有上級。為了有助於提升自己的事業，你必須有他們的支持。這就是為什麼你需要定期卸下管理者的角色，並問自己幾個主要問題：為了晉升，我獲得支持了嗎？我有明確的個人及事業目標嗎？我的主管和同事是否給我應得的讚美及需要改進的回饋？我的直屬部下能坦率地和我溝通嗎？為了實現涵蓋整體的目標，我仍有進步的空間或必須採取的行動嗎？在沒有準確答案下，你無法有效地領導，因為你並不能看顧自己的需求。如果你的需求得不到滿足，可以採取什麼手段來改變自己的處境？該尋找新的機會嗎？你在內部和外部都已徹底分析過所有選項了嗎？

身為管理者，你永遠都需要自己領域的其他人支持，不論確實或是比喻，否則你會如同獨自置身在孤島一般孤伶伶。當你自己的主管不是優秀的管理者時，情況尤其如此。卸下管理者身分並扮演人才的角色，是了解自己主管、同事及直屬部下最快速的方式。

我們在本書力圖證明，在沒有堅強管理照顧的情況下，任何人才都無法成功。你還要有外部實體，能提供不偏不倚的切身感受，以及真正在你周圍發揮影響的「第三方」觀點。

即使你是最優秀的人才，擁有一身技能也永遠不夠。如同我們在上一章提出的，除了成為一名有影響力的實踐者，你還必須能為數量驚人且事業發展與你有利害關係的人提供卓越的管理。以前在老派公司，各人自掃門前雪。現在不同了，小型團隊還要負責更大範圍的活動，你的每一個作為都會對公司文化帶來連漪效應。學習如何成為其他人的外部觀點，是真正了解堅強管理怎麼實際運作的唯一方式。

我們設想包括管理者在內的大部分員工並未真的將自己視為人才，現在該是重新思考的時候了。即使管理者沒有改變角色或尋找新的工作，他們也的確是人才。但只有當你將自己設定為人才時，你自己的觀念才會產生戲劇性的轉變，不只是對自己和對組織的價值，還有你與團隊其他成員，包含下級、同輩及上級的交涉方式。

成為人才意味的是，認可自己在事情發展過程中的重要性。

在為你的職涯發展決定尋找什麼人並結成合作夥伴時，絕對要採取這種態度。沒有什麼會比這更重要。

如果一個人對他／她自己的定義僅僅侷限在狹小的職位，那麼在若干重要的時刻，他們可能無法採取與人才相同的手段；例如，使可信的擁護者圍繞四周，持續不斷地主動學習和成長，支持一同共事的團隊成員並採用３６０度管理，以及樂於採納可以成為十倍力者的所有要素。

最重要的是，當人們意識到自己既是人才、也是管理者時，便會開始對另一方面臨的諸多挑戰深表同感。

另一個角色：悲劇和成功

當你身兼「另一個角色」感到輕鬆自在時，你才能成為真正的十倍力者。如果你將自己的形象定位成人才或管理者，因而「無法自拔」，很可能就不容易轉換角色。對從年輕開始就順著自己天生的習性，為自己準備好扮演一個或另一個角色的人來說，尤其如此。

然而，若是緊握不放任何一個角色，你就要有準備付出代價。

一位明星經紀人同事最近向我們講述了他最有成就的其中一名音樂圈客戶的故事，我們就稱故事主角叫「比利」（Billy）吧。隨著比利的事業如日方中，他的團隊也迅速增長。在國內，他身邊總圍繞著經紀人、代理商、唱片公司工作人員、國際演唱會承辦人、出版商、律師及會計師，全都對他百依百順，可以說是明星中的明星。

問題是，巡迴演出期間，比利必須與另外一支專業團隊一同工作及旅行。這個團隊囊括純熟的技術人員和一幫頂級的音樂人，這些人本身就是人才，日復一日在他縝密的巡演生活扮演著不可或缺的角色。與比利在國內的隨行人員相比，他們需要的是不同層面的照顧和關注。

比利要做的是轉換角色，有史以來第一次充任管理者。但很不幸，在他的事業早期，領導並非他的特長。

在描述過失之前，我們必須讓比利的管理者負起部分責任，並且指出事實：身為比利在國內的管理團隊成員，他們的工作是要讓比利做好準備，訓練他管理自己的團隊。不論如何切割，這是他們犯的、也須坦承的錯誤。

巡演一啟程，比利就犯了各種錯誤，多數太瑣碎難以描述，但重點是，他根本不認為指導或幫助其他人是自己的責任。在所有處理不當的情況裡，最糟糕的可能是比利憑藉對一名工作人員的仲裁，開除了自己最要好的其中一位至交、也是樂團長久以來的創始成員，而且完全沒有預先警告或解釋。這並非發生在此人做錯事的情況，比利只是再也不希望看到他。比利拙劣處理解雇的方式，嚴厲打擊了整個巡演團隊的士氣，因為這一事件造成精神上的損失不可估量。也害得團隊工作人員之間充斥著不信任，比利就像是一名背叛國家的將軍。

是的，經紀人不知道比利打算解雇任何人，但他應該要知道。比利的年紀這麼輕，還沒具備高度的溝通能力。儘管如此，經紀人應該要在比利做出不當決定之前，教會他如何管理。但無須殘酷的指責這位經紀人，我們在過程中也犯過幾乎完全相同的錯。雖然比利有自己的經紀人（即管理者），他們（還有我們）應該要發現他尚未汲取關於如何成為一名管理者的重要經驗。這是「雙重角色世界」的一個關鍵：無論你多麼有才華，所有人都要能像管理者一樣思考。

顯然，造成比利犯錯的部分原因是他的自負。他認為自己是人才（亦即明星），就把團隊的工作看成是麻煩的瑣事。但最終一定會遭到這種想法反噬，因為你愈成功，就必定要管理愈多人。隨著組織的增長，當中的每個人都會有更多及更大的責任，體認到這點很重要。

回想比利的情況，我們在〈第四章〉說到到的傑夫瑞・索羅門博士提供了一個非常獨到的觀點。他引用了老子的名言：「太上，不知有之……。功成、事遂，百姓皆謂我自然。」

索羅門博士解釋：「理解老子思想的管理者，能輕鬆在生產與純管理之間來回轉換。當你不確定是否因為功勞受到讚揚時，在雙重角色間轉換能使管理者與直屬部下一同做出實質的貢獻，讓每個參與者都是占有功勞的人。」

如果比利激勵並誇讚自己的團隊完成卓越的巡演，他們自此之後都會支持他。需要技巧的解雇是非計畫中的消極決定，如果他做了防範，他的團隊可能對他表示同情，而不是誹謗他。比利將自己看得與眾不同，這種做法使他疏離自己的團隊，也把自己變成敵人。

另一個故事則是來自科技領域：我們代理了一名高級開發人員名叫蓋比（Gabe），他必須從個人貢獻者轉變為團隊領導人。蓋比曾在谷哥任職，並在幾位相當不錯的上司底下做事，但他從未真正見過傑出領導應該具備的那種軟實力。他以自由工作者與我們合作的那幾個月，獲得了管理方面的珍貴經驗。

蓋比和比利不同，他了解自己真的別無選擇，他想要學會領導，想了解好的領導能力應該具備什麼。他已擁有成為優秀的個人貢獻者所需的大部分能力，如同多數的十倍力者，他會很快會進入下一個挑戰。十倍力者很少長期間處於靜止狀態。不久之後，他在最近獲得資金的新創公司擔任要職，並帶領一支開發團隊。

蓋比向我們尋求指導、廣泛閱讀書籍、觀看線上課程，還有多方詢問其他人的建議。跟撰寫程式一樣，蓋比希望能以十倍力管理自己的團隊。儘管要承受為了工作學習各種新技能的壓力，以及在過程中遭遇不算嚴重的衝擊，但蓋比仍順利聘用，並鼓舞了一群同類的程式設計師達到目標，還比最具挑戰性的最後期限提早完成。當然，蓋比的上級對轉變感到非常興奮，也證明了完全信任是正確的。他想成功的渴望，加上願意努力工作，在逆境中堅持不懈，並尋求及接受指導，使得他從人才變成管理者相對順利。而今，他是傑出的頂級管理者／團隊領導人和十倍力程式編碼員。需要額外指導和回饋時，他會倚賴同類的團隊領導者，但這種機會很少。

能夠在管理上對其他人產生重要影響，對每個人才來說都是「最終試煉」。即使是出於選擇，成為個人貢獻者的十倍力者，還是要具備管理技巧與他人互動，只是不須四處扮演雙重角色。

好的一面是，在你真正關心某些人的職涯發展，並成為他們的管理者時，你正等於接受堅強管理的實務教育。「你若管理得愈好，你也會被管理得愈好。」你會開始熟悉好建議的特徵和細微差別，如何（被）提供建議，以及這些話聽起來像什麼樣子。你會為了探測「成功衝動」與「破壞衝動」而長出觸角。藉由表達自己的切身感受，你將能夠建立信任。你將直接體驗到「第三方效力」的功效，而且我們敢打賭，你會逐漸渴望擁有自己的「第三方」，在緊要關頭擁護你。有了管理工具和方法，你就能學會如何像人才一樣讓自己的需求得到滿足。

雙重角色的回饋

從複雜面來說，如我們在上一章描述的，管理必須始終保持360度。全方位管理並非易事，當同時要與直屬你的那些人建立團隊時，還要有「行動技能」（action skills）和竭盡全力的人才。有效溝通和建立互相商定的目標，能為積極正面的成長奠定基礎，不了解如何扮演雙重角色，沒有人能成功。

我們在〈第五章〉談到的麥可．康茲是一名極具才華的設計師／導演，他的沉浸式劇場作品廣為大眾熟知。他也是富有創造力的企業家，以旋風般的速度擴展事業。康茲是在日常生活中發揮「雙重角色」效力的絕佳模範。

康茲善於管理及被管理。我們舉個例子，他某天有明確的目的來到我們的辦公室：對於我們給予他的回饋，他也想提供我們回饋！全然坦率地讓我們知道，他需要我們用截然不同的方式發表評論。

一開始，我們感到十分錯愕。他說：「我覺得你們做的就是一味地批評，」當時很令我們不悅，但我們知道自己正和一個了解堅強管理的人交談。

我們最初的回應略有辯護性，因為我們認為他應付得來。畢竟，康茲展現出的樣子，就像是傑出的實業家。他會與同行中最優秀的人談判，建立錯綜複雜的商業模式，幾乎知道所有的融資結構，而且完全不怕跟一些非常厲害的角色針鋒相對。

儘管如此，我們忘了一件事：康茲可能看起來像實業家，不過在他的靈魂深處，他還是一個富有創意的藝術家，恰好也是擁有極為強烈商業敏銳度的那種罕見人才。這種性格類型一般需要更多的鼓勵，這是有充分理由的。因為他們與世界的懷疑者對立。每個新的創新項目，都有成千上萬的人告訴他為什麼行不通。

康茲顯露了真正的十倍力，直接要求更多正面肯定，因為那是他應得的（而我們知道這是最好的練習），我們毫不猶豫。他知道如何「管理自己的經紀人」，這就是「雙重角色」的積極展現。

「多少讚美才算充分」或「多少批評才算過度」是一個複雜的課題。在《哈佛商業評論》一篇標題為〈讚美與批評的理想比率〉（*The Ideal Praise-to-Criticism Ratio*）的文章中，❶作者傑克・辛格（Jack Zenger）和喬瑟夫・弗克曼（Joseph Folkman）推斷出負面與正面評論為一比五・六時，會是可接受的比率。如果沒有艾蜜莉・希菲（Emily

Heaphy）及馬歇爾．羅沙達（Marcial Losada）主導紮實的學術研究做為基礎，這項令人震驚的「不平衡」可能會聽起來很可笑。希菲和羅沙達對一家大型資訊處理公司的策略性事業單位的六十個領導團隊進行測驗，發現到正面與負面評論的比率在最成功與最不成功的團隊之間出現巨大差異。表現最差的團隊擁有的比率是〇．三六比一，也就是幾乎每一個讚美，相對就會有三個批評。

這項研究一個有趣的「附帶結論」是，少許的負面回饋會有很大的助益。「當我們被逼得走投無路時，負面回饋很重要，」希菲和羅沙達寫道，「即使最有善意的批評，也可能造成關係破裂，侵蝕自信心和進取心。當然，負面回饋可以改變行為，但無法促使人們盡最大的努力。」

就回饋而論，扮演雙重角色的十倍力者擁有兩項卓越的技能。一方面他／她能承受並從多於平均數量的批評中學習，另一方面他／她能深切了解並尊重這樣的事實：人需要讚美才會善盡職責。

具有挑戰性的社會

數位化在不小程度上導致各行各業急速改變，這也是「轉換角色」如此重要的一個關鍵原因。因為在愈不穩定的地方，對彈性的需求就會愈高。

首先，你今天看好的企業明天可能就不存在了。如果不知不覺發現自己處於失業狀態，一旦進入自由市場，你會被迫將自己重新設定為人才。即使你自認是最有才能的管理階層，也是如此。

其次，現今的職場生態強調「以少做多」。擔負更大責任的小型工作團隊，必須以更順暢的合作快速達標，實現更多。這意味著無論我們有多喜歡享受獨處，每位從業人員都必須與他人合作，並管理他們。

大環境瀰漫著無常氛圍，在撰寫本書期間，全美將近有七十五萬個科技職缺。但與之形成懸殊對比的是，擁有電腦科技學位的大專院校應屆畢業生只有大約五萬六千人，在過去五年，這個數字僅僅增長〇．七％。如同 Quartz 的報導，「美國目前電腦相關的工作職缺幾乎比擁有電腦科技學位畢業生的十倍還多。」❷注意到新進員工裡，電腦科技相關職位是薪酬最高、平均底薪七萬美元時，你會覺得這是奇特的統計數值。❸從國外湧入的人才也沒有多很多，H1B簽證（美國政府發給外國工作者的簽證，持有者可在美國工作三年，期滿再延長三年，是科技業大量錄取外籍員工在美工作的重要手段）配額最多大概就在六萬五千名上下，❹當達到上限時，申請通道就會關閉。這些合計結果顯示了職場上科技人才嚴重供需失衡，在更大的工作領域上也是普遍失衡。

未來看起來不會更穩定。根據 Technically 網站報導，在二〇二五年之前，美國將有多達三百五十萬個STEM相關的職務空缺。「像資訊科學工程師、研究科學家和資訊科技專家，這些職務的需求量將會很大。然而，由於缺少合格人選，其中的兩百萬個空缺將無法填補。」❺並非我們交談過的每個人都對人才與管理者雙重角色來回轉換感興趣，但所有的人都認同這會是必要的，尤其是來自科技界的受訪者。

我們在〈第七章〉遇到的超級程式編碼員布萊恩．畢夏普說：「事實是，我認為自己主要是人才。我能管理和領導其他人，但只有我也在第一線專心從事程式設計時，我才真的喜歡扮演管理角色。」畢夏普承認，有時常常一整天都在懷念單純只要設計程式的那種興奮感。「遇到問題就是直接解決，直接了當！那是多麼輕鬆愉悅的感覺啊！」

儘管如此，因為畢夏普的工作涉及了許多電腦內部結構、策劃、團隊管理、程式校對及安全審查，這些全都必須監督他人，他別無選擇。他知道管理是對等關係的一部分，也漸漸欣然接受。

山姆．布萊瑟頓是我們在〈第一章〉介紹的另一位程式編碼員，他認為這兩個角色有點交織在一起。「我平常合作的公司都不希望我主動管理人，他們不是雇用我去管理。但如果我被聘為顧問，而且看到他們做出行不通的東西，我會沒有顧忌地說出來，這是我附帶提供的一部分助益。」

傑森．魯班斯坦也是我們在〈第一章〉談過的技術長和 Python／DevOps 專家，他和布萊瑟頓的見解一致。「在幾乎每次受聘期間，」魯班斯坦說，「我都被同時要求撰寫程式及管理。這可能與我的 diving save（縱身救球）天性有關。」

在棒球中，「縱身救球」是形容在最後關頭的一個關鍵動作「保住了球賽」。魯班斯坦所描述的，是公司長期雇用廉價且經驗不足的科技人才，創造的產品發揮不了效用、品質不良，或是無法運送。但在第九局，這些公司有可能因此變成十倍力者，不僅僅因為他們撰寫程式的熟練性，也因為在團隊管理上有了更高的敏銳度。

在純科技領域之外，我們的受訪者幾乎都能理解「雙重角色」的概念。

傑西．李是我們在〈第二章〉認識到的年輕行銷專家，當他扮演管理角色時，會設法確保自己量力而為。「你不可能真的管理每個人，對吧？」他告訴我們，「如果我能有效管理五個人，他們可以各管理五個人，以此類推。這麼一來，你便擁有可擴增的模式，大家也能確實知道自己跟誰打交道。」

一般來說，這樣的管理模式是未來最為尋常的一種方式，人才管理也可以說是正在「自行復興」的一種藝術形式。現在，包含巨型企業執行長和創辦人在內的每個人，都應該與企業教練合作，藉以幫助他們制定管理策略。最高階層的管理者體認到，他們自己也需要「被管理」。

我們在〈第五章〉遇到的莎拉．艾莉絲．科南特是「A計畫指導」的共同創辦人和執行長，對她來說，指導人才反映了管理技巧，因為兩者可歸結為一件事：黑帶級的傾聽。「當好的教練和好的管理者面對自己的客戶和員工時，他們都必須從相同的起點開始，像是『和我說說你自己，什麼對你很重要，你的事業目標，希望獲得怎樣的支持。』」

我們和很多了不起的人物交談過，他們都獨自得出相同的結論：能夠轉換角色是邁向卓越的快速途徑。強藍道可能管理世界上最受歡迎的搖滾明星，但不管怎麼說，他倚靠了幾位關鍵人物給予自己指導。丹尼爾・盧貝茲基可能管理市值幾十億美元的零食公司，但他仍舊花時間嚴格審查自己的管理實踐。埃爾維斯・杜蘭可能有負責談判交易的經紀人，以及在 iHeart Radio 有必須回報的上司，但與自己的團隊互相配合工作時，他知道必須為自己的管理風格定調。

這些遊戲規則改變者都身兼雙重角色，而且都扮演得很好。他們的事業能有如此巨大的影響力，正是他們角色扮演得很成功，很不簡單！

此外，當他們談到與自己一起共事的人，包括事業夥伴、客戶、員工及同事時，都會感佩這些人的才華及指導能力。這是因為能夠雙向看待自己，意味著也能雙向看待對方。

「悲觀的人抱怨風向，樂觀的人期待改變，務實的人調整風帆。」

——頂尖領導大師　約翰・麥斯威爾（John Maxwell）

水漲船高

「雙重角色」世界的優點是，創造了三贏的效益。當你有效管理自己下面的人時，他們能變得更好，當他們更好時，你也會變得更好，於是整個團隊就會蓬勃發展。同樣的，當你管理自己上面的人，使他們更好管理你時，他們成為更好的管理者，也能進而幫助你及團隊中的其他人變得更好。

我們不是信口開河或過度理想化。由於堅強、投入、有同情心及目標導向的管理，整個團隊才能一同提升，這完全是經過證明的事實。當每個人都努力幫助自己周遭的人、上級和下級時，便能更加快速獲得更高成就。這就是人們常說的「水漲船高」，堅強管理能使所有人才更上一層樓。

以在一家全球數位行銷代理機構擔任主管的凱絲（Cathy）為例，她花了一整年的時間渴望知道如何能讓團隊更有效率，讓公司更有突破，但卻遇上了瓶頸。她很幸運，在有前瞻性思維的公司任職，公司安排了領導統御的教練為管理者及主要的資深貢獻者進行一對一指導。透過這個過程，她獲得了一些體認。「坦白說，什麼成效都沒有，」她告訴我們，「我體認到自己只須停下來、深呼吸，然後為自己做一些策略規劃。」

凱絲精明之處在於轉而扮演人才的角色。她知道自己是成功的管理者，但如同真正的十倍力者，她相信如果更了解自己，就能推動自己的團隊及公司取得更大的成果，並確保最優秀的成員得到他們應得的晉升。

「由於照顧好自己，我才有餘暇提出重要問題。我自己有成長的空間嗎？從長遠來看，我在這裡會快樂嗎？我正在成長嗎？我的上司有繼續給予我真正需要成長的回饋及機會嗎？最重要的是，我仍感到滿意嗎？不管怎麼說，只怪上司是沒有意義的。我認為，如果上司不是可以幫助我處理難題的人，那麼我必須向某人尋求管理方面的指導。這是我的職責。」

不出所料，由於有勇氣轉換角色並像人才一樣解決自己的問題，凱絲獲得一些能夠幫助自己團隊向前推進的深刻洞見。某些盲點自動變得顯而易見，而她找到了方法幫助自己並激勵周遭的人。她知道該向上司請求（給予）什麼，而換到她自己的直屬部下時，他們也因為這麼做而有進步。

凱絲的團隊中有一位名叫道格（Doug）的傑出開發者，可說是不折不扣的人才。他也在公司提供的企業講習中獲益。道格花了一整年的時間當一名積極而又忠實的成員，執行凱絲及公司交付給他的工作，但也覺得自己必須停止像陀螺一樣忙得團團轉，並轉換角色。對道格來說，這意味著像管理者一樣思考。

「我知道自己的職責是當一名程式編碼員，」道格解釋，「但老實說，我還未真正花時間去評估周遭的人，看看自己是不是能夠符合他們的需求……這感覺就是不對。」

首先，道格必須詢問自己是否給予凱絲需要、並能適切評估自己的工具。他還必須探究自己所提供的幫助，使哪些同事最能從中受益。他也開始提出嚴厲的問題：我有密切注意團隊中的其他人嗎？我有做什麼事來幫助最值得自己支持的同事獲得晉升嗎？「我開始四處詢問，看看大家最想要、或需要我的是什麼，以便幫助他們完善自己。我並非確切『扮演管理者』，但試圖了解自己如何能夠發揮最大助益，並在需要時提供指導。我的意思是，如果我們不能互相幫助，那就完全沒有意義！」

跟凱絲一樣，道格的計畫並非完全行得通，有些人對他的詢問露出困惑的表情，而且沒有附帶任何建設性的回應，但明白的人的確能幫助他提升自己的技能，並著手處理他的不足。

就像凱絲的角色轉換激勵了她身邊的人，道格也因此與許多同事變得更加親密，增強了團隊精神。雖然並非每個人都能立即給答案或提出要求，但對於付出時間和精力四處奔走的人，團隊中的所有人都能被這種熱誠打動。

不確定時，轉換角色，你會因此學會一些驚人的方式，幫助自己獲得新進展。

領導和學習兩者密不可分。

——美國第三十五任總統　約翰．甘迺迪（John F. Kennedy）

我們如何轉換

撰寫本章的過程中，我們不禁留意自己在日常工作中有多常必須轉換角色。一開始對我們而言，這絕非什麼輕鬆自在的事，因為我們一直很傳統，把自己視為管理者，且以此自豪。不過在幕後管理並為各種人才提供建議幾十年之後，我們創辦了「十倍力管理」。這意味著我們成為「品牌大使」了，以全新理念在全新領域開展事業，但我們知道自己一開始其實不得要領。所以不可逃避的是，我們也需要指導。當時，我們向〈第三章〉談論到的顧問公司「樂在工作」的強納森．洛文哈尋求幫助。

我們決定請洛文哈做我們的顧問（其實就像是管理者），以我們在本書中描述的所有面向及方法幫助我們。有他在時，他扮演管理者角色，而我們就轉換成人才。

我們與他每週交談，每季會面一次，每年有兩次階段性活動。他幫我們設計了涵蓋整體的長期目標，並與我們一同規劃短期策略及優先事項，幫助我們實現那些目標。當意見分歧時，他會努力使我們之間保持一致，而且始終就我們的弱點和盲點給予誠實的回饋。他也就商業上有改進空間的諸多方面，提供我們非常需要且實用的專業知識。就我們而言，除了銷售和行銷的知識，還學到了銷售追蹤及數據蒐集的技能。

洛文哈最重要的其中一個職責是挑戰我們對成長與可能性的限制性信念（limiting beliefs）。不過，他可沒在客氣。他最常問的是：「如果想要X，你們願意做Y？」

藉由讓自己轉換角色，洛文哈使我們了解到自己擅長和需要幫助的地方。在我們當下必須努力時，這確實特別有效。如同許多企業家，我們很容易思緒不集中且失去立場。這在很大程度上造成了阻礙，因為我們是管理者。當我們迷失時，只有另外的管理

雙重角色連續體

0倍力者	認為自己不是管理者，就是人才，但沒有意識到為了過自己想要的生活及擁有希望的事業，必須身兼兩者。
5倍力者	知道自己必須同時扮演管理者和人才，但很少記得保持思路清晰、不要糾結細節，並注意當下最需要的是什麼角色。
10倍力者	根據需要，巧妙且頻繁地轉換角色，以便實現自己的目標及關照自己的擁護者，始終都能縱觀全局。

者可以讓我們重回正軌。

我們非常珍視洛文哈的建議，其中一個原因是他憑直覺就知道「雙重角色」的平衡。最近他提到一位與他共事的創辦人，他說：「她擁有卓越的技能，我確信她會關掉現在的公司，開創新的事業，並在短短幾天內為任何她可能想到的下一個行動募得資金。但是……充分支持她，我確實需要兩個獨立的視角。第一個視角把她看做『人才』：她是不是了解自己的潛力？有沒有技能可以擴大影響力或讓她更接近自己的目標？第二個視角要將她視為自己事業的『管理者』：她有無限的事業選擇，她目前努力（嘗試）的機會成本有什麼？還有什麼可以抱持的選擇？儘管她委託我的公司像對獨特人才一樣提升她的技能，但管理自己的事業選擇、過她真正想要的生活，責任全在她。」

當需要時，洛文哈會請人管理自己，這並不令人意外。身為自己公司「樂在工作」的唯一所有人，他並沒有內設管理或監督，於是他展現了真正的十倍力，選擇創立「董事會」來管理自己。他這麼做只有一個動機：他知道外部觀點會幫助自己，而且對公司有益。

所以啊，這幾乎就像是俄羅斯娃（Russian dolls）：我們是有管理者的全職管理者，我們的管理者有他自己的管理者，而他的管理者很可能也有他們自己的管理者。

一旦願意在適合的時間扮演好雙重角色，你就對最大成長及最大理解做了合適的準備。

在最後一章，我們要把這兩種角色帶到談判桌上，探討如何從任何協議、或交易中獲得最大利益。

本章重點

一、我們生活在「雙重角色」的世界，每個人都必須學會善於同時扮演人才及管理者的角色。

二、就管理者而言，這意味著重新將自己設定為人才，從所處環境中考慮自己的事業。

三、就人才而言，這意味著能為事業和與你有利害關係、影響你的人提供卓越的管理。

四、轉換角色不是很容易，也不會感覺很自然，但人才必須學會如何領導，而管理者必須學會如何把自己當成單獨的從業人員。

五、扮演雙重角色的十倍力者即使收到負面回饋時，也能汲取當中有用的回饋，並給予他人適當的讚美。

六、職場的快速變化，意味著更大的不穩定性，以及對更大彈性的需求。身兼雙重角色能讓你的價值加倍。

七、「水漲船高」，能扮演人才的管理者，以及能充當管理者的人才創造了積極的氛圍，進而能為企業、團隊帶來最大成長。

Chapter

10

協議的進化

能者達人所不達，智者達人所未見。

——叔本華（Arthur Schopenhauer）

談判桌的兩邊

我們在前面九章充分論證了職場及各個產業面臨的重大轉變，企業應該如何應對，個人又可以怎麼做，才能在這個新秩序中安然生存。我們也證明了扮演雙重角色不僅有可能做到，而且非做不可。

現在，我們將再次改變探討的角度，逐漸靠近更具策略性的主題：為了獲得十倍力等級的人才，企業必須進行什麼變革？

這是一個即時性的問題，因為舊的程序無法符合新世界的運作方式，企業和政府機構必須對現有的方法進行改革，否則競爭優勢恐怕就得拱手讓給其他趕上這股趨勢的對手。

談判，是扮演雙重角色最重要的場合。在老派模式，雇主和員工（或潛在員工）在談判過程就只有「辯護」和「控訴」一來一往，拼命地「保護自己的權益」。根據《商業溝通學報》（*Journal of Business Communication*）的詞源研究，❶「雙贏」（win-win）在一九七〇年代才出現，當時有關衝突管理的學術論文最早使用這個術語。一九八〇年代初期，才廣泛被用在各個產業的報導中，但肯定還不是人力資源部門的標準用詞。除非是最罕見的情況，不然雇主通常擁有絕大部分權力，由他們定義什麼才是成功契約。

儘管權力不均衡的狀態堅若磐石，但這種企業體系已然不復存在。

事實上，就連「工資加上時數等於工作」的換算模式也成了古老的遺俗。今天，對於所有最重要的角色（無論是公司雇員或獨立承包者），每一個雇傭契約談判都必須朝多方面的協議邁進，同時符合為員工及公司量身訂製的需求。我們再怎麼強調也不為過的是，每一位十倍力者都是獨一無二，各自擁有迥然互異的背景、與眾不同的職涯目標和目的，以及希望自己如何能為整體環境做出貢獻。

最令我們驚愕的是，許多聰明的大公司還沒體認到這一點。如何完美達成雙方的協議，正是大家共同努力的目標，然而大多數的大型企業仍堅持用千篇一律的要約（offer）試圖引誘職務候選人（求職應徵者）。一旦無法吸引到最優秀和最聰明的人選時，他們才會感到震驚。

在談判上，觀點不同是造成「脫節」的問題核心。

不管怎樣，我們的社會很重視達成協議，無論是什麼事。簽了名的契約就像「熱狗、蘋果派及雪佛蘭」一樣，具有典型的美國特色。頂尖律師、經紀人和顧問是強而有力的參與者，他們通常代表了那些在金字塔頂端的人，譬如運動員、演藝人員、執行長及企業家。坊間有很多關於協議技巧的書籍，無論喜不喜歡那些書或作者，你不能否認它們經常在《紐約時報》暢銷書排行榜上名列前茅。

協議可謂自成一格的明星，而且最終，所有事務本質上都是一連串的協議。

在新的秩序中，什麼因素能真正促使雙方共同達成協議？與十倍力者進行談談判時，究竟什麼會被提出來討論？在適當的情況下，一切都可以談。但是，你必須能夠理解各種情況。我們的看法是，首先要了解候選人（求職者）的欲望和需求，接著提出重要問題：誰的影響力最大？各方如何創造或增強自己的影響力？協議未能滿足哪些看不見的因素？還有一旦簽了字，從長遠來看，協議如何貫徹執行？凡此種種，在協議上都是白紙黑字、清清楚楚，坦率、公開。

訂製的談判

對人才和他們的管理者（身分可能是職業律師、明智的朋友或經紀人）來說，談判的目是為了了解人才的真實渴望，並以合理審慎的方式提出，同時還要考慮招聘公司的需求。蒐集這些資料需要花一些功夫。

〈第二章〉的「生活方式計算表」（https://10xascend.com/calculator/），是在重要的雇傭談判前，我們用來幫客戶評估自身喜好的工具。如同我們之前提到的，這份計算表探索了二十四個屬性，而結果從未一樣。沒有任何兩位人才會期待完全相同的工作場景。一位我們交談過的執行長喜歡一開始先詢問候選人（求職者）如下問題。如果必須擇一，你會選哪一個：

一、工作／生活平衡？
二、有意義的工作？
三、優渥的報酬？

他知道只要獲得一個答案，就能稍稍了解面對的是什麼人。我們的確贊成一開始就提出有助於你了解候選人（求職者）的問題，但我們會更深入些。比起其他因素，有同理心並理解談判桌另一邊的人，會更輕易達成協議。

藉由將「生活方式計算表」中二十四個要素的結果應用到招聘流程，我們發現自己往往能創造跟協議基礎一樣重要的一致性情景（alignment context）。換句話說，很難確切指明究竟是什麼讓你達成雙贏，有可能不是最顯而易見的談判籌碼。雖然影響力的確可以來自「掩護性候選人」（stalking horse），也就是競爭要約（competing offer），但對企業和候選人來說，實際上有很多方法可以創造影響力。在某些情況下，真正能帶來突破的並不是影響力，而是在於明確解釋，並證明為什麼特定的候選人希望更改契約中的某個或某些要素。

本書開頭，我們提過一名出色的程式編碼員傑克，然而一家中型製藥公司不考慮雇用他，主要是因為無法理解傑克對遠距工作的渴望。我們轉而媒合某個從事教育的科技公司，縱使這家公司不能即時看到傑克怎麼工作，他們還是可以想像他能準時完成。擁有樂於接受的一方，各種不同類型的人或事物都能相互產生影響力。

為了讓你對談判情景多些了解，以下會提供幾個我們從談判經驗中所做的個案研究。一個個接續著看，你會看到在著手進行談判時，各式各樣的要素都可能會決定成敗。同時，清楚揭露自己擁有的技能，以及採用正確的處理方式，談判會有很大的進展。這些都是真實客戶，但由於報酬屬於私事，因此我們隱藏了一些識別特徵。儘管如此，這些故事不僅真實，而且都在意料之中。

個案一：尋找關鍵的單行項目

在繁忙一年的第一季，一位資深科技人員帶著谷歌及賽福時（Salesforce，提供個人化需求進行客户關係管理規劃和服務的企業）初期階段提出的要約來找我們。在三十年的職業生涯中，他從未真正為任何工作機會進行談判。然而，他這次希望竭盡全力確保自己的下一步能走得堅定持久，因此聘請我們。他在微軟快樂工作了好幾年，換工作意味著辭去穩當職務。雖然表現傑出，也有成長空間，但他的直覺告訴自己，該是改變的時候了。

我們的方法明確簡單，直接請他用「生活計算表」探究二十四個要素，並從中判定出無論接下來去哪，有薪假（paid time off）將是非常重要的考慮因素。他在微軟每年的假期已經達到最高天數五週，所以不希望離開就變少了。事實上，他想要更大的彈性，包含何時及多久可以請休一次。這也許看起來像是無關緊要的單行項目（line item），一個後來添加的東西。但在協議期間，知道一個像這樣的關鍵訊息就可能改變一切。

評估兩份初步要約，我們也發現到一些比較典型的項目還有改進空間，像是薪資、權益獎酬（equity compensation；譯注：即以股票或股份做爲獎酬）及獎金。我們為他精心制訂了多階段的談判策略，並在各方面提供即時快速的建議。我們同時制訂一連串的反要約（counter-offer；是指針對兩家公司提出的初步要約中某些項目，開出更有利於自己的價碼或更優渥的條件回應對方），如此一來所有因素都能考慮進去，我們還提供他寄給未來雇主的有利論據及編寫好的電子郵件。他有時會提到自己顧問的深刻見解和這些電子郵件裡的市場數據，這增添了他提出要求的可信性，也能消弭談判的摩擦。因為他會談及「自己顧問的數據資料」，實質上採用了「第三方效力」。

當然，因為有這兩份競爭要約，我們借助它們對彼此產生影響力。一家股票少，另一家則是獎金和有薪假（即他的關鍵需求）少。將一家公司提供的訊息經過挑選並以「其他要約」與另一家公司分享，使我們能同時改進兩份要約，讓他有更好的選擇。最後，我們將其中一份要約的基本薪資提高了三五％，另一份要約的股票增加到相同的數量。

我們很滿意結果，透過一同合作，我們最終使他拿到的總薪酬待遇呈指數提增，但這不是唯一的大贏。很重要的關鍵是，勝出的公司能給這名人才他最想要的：適當天數的彈性假期。他現在可以依據哪一家公司感覺上比較合適來做選擇，而不是誰最初提供了比較好的待遇。鑒於他清醒的大部分時間可能都在為這家公司工作，選擇合適、也就是他覺得更好的公司，就跟報酬一樣重要。

兩家都是是聰明且超前思考的公司，所以他們不會把我們提出的所有需求和說明視為威脅和要求，而是看做對一名會為公司帶來真正影響力的人才來說很重要的深刻洞見。他們在各自的官僚體制內，還可以讓合約獲得批准，這在很多大公司可能是頭一遭。

個案二：標竿管理的力量

我們約見兩位資深的資訊安全科技人員，他們同時收到匯豐銀行（HSBC）的招聘。顯而易見，這是一家擁有好幾萬名敬業員工的國際級金融機構，但這兩個人也不是好惹的。一位任職於國防高等研究計劃署（DARPA），另一位則曾在聯邦調查局工作。令人關注的是，新機會意味著這兩位候選人必須從美國搬到英國。經過數月的來回交涉後，銀行仍未提出要約。在兩人來找我們時，他們已對進展緩慢的流程帶來的沉重壓力感到厭煩，也做好準備隨時結束交涉，表示不會再等要約了。他們知道這對自己來說可能是非常大的機會，儘管意味著將失目前的工作保障，以及聯邦政府給予他們的安逸舒適。

考慮到這部分，我們首先做的是提供可讓兩位候選人寄出，促使銀行提出具體要約的文字訊息。不到兩週，銀行給出了要約，雖然我們相信銀行認為自己正全力以赴，但要約項目毫不吸引人。如同我們經常遇到的，他們最早的要約是以銀行的市價評估為基礎，並結合了他們內部的報酬等級，而不是依據候選人在開放市場的真實行情。公司在評估要約內容時使用的數據是有問題的，通常未把十倍力者列入考慮。他們基於平均數的「事實」，也是根據絕大多數不進行談判的員工。這些數據的特點偏向雇主，不代表十倍力者的看法，而十倍力者也不重視。

銀行的初步要約不僅僅沒有吸引力，也未能解決許多候選人對於調派海外的憂慮，以及辭去穩當舒適的工作、舉家搬遷到世界另一邊等等的風險。這是一份不可能達成協議的要約。

我們知道這不該由我們揭露，證明要約缺少哪些要素，以及在不同的競爭環境（playing field）重啟對話。調派是其中一個最大的不一致。對候選人及他們的家人來說，從美國搬到英國會是很大的犧牲和擾亂。此外，舉家搬遷要承擔更大的風險，因為這意味著離開原本的生活。「正常」要約（薪資、假期、職銜、獎金等等）不會只是達到標準而已。

我們精心製作了反提案（counter-proposal），當中包含調派安家補貼、每位候選人及其家人搬遷到新城市的旅費、協助每一個受撫養的家屬尋找學校及提供教育諮詢、安排教育顧問幫助他們找到合適的學校，顧及美國與歐洲學校體制的不同，並資助私人學校費用、臨時安置費，以及稅務教育及各項調整。

詳細撰寫並遞交這份反提案只是談判進程的開端。我們接著與候選人密切合作，制訂並展開多階段的談判策略，其中包括了因應銀行的回應，新數據出現時的策略轉向及疊代。雖然我們沒有將數據整併在一起的神奇魔力，但我們所有人結合起來確實擁有五十年的談判經驗，以及一些我們倚賴的實踐經驗。關鍵是，了解每一種情況下需要提出什麼樣的論證；然後呢，去找出可以支持的數據。我們利用自己現有的資訊，譬如客戶目前賺多少錢、我們自己過去協議的資料庫及一般的網路資源。我們最大的訣竅是到處、隨處尋找數據，更始終牢記世界上大部分隨便就能取得的報酬資訊，都因超過六成的人根本沒有就其工作機會進行談判而不準確。基於這點，你必須知道那些有談判的人，報酬要比熱門薪資網站上看到的平均值還高。

在這次談判過程中，我們同時扮演顧問及親自談判的角色。最初，我們捉刀撰寫電子郵件並提供論據讓候選人向銀行提出。後來，候選人請我們介入並直接代表他們與人力資源部門談判。

我們參與三週後，兩位候選人都獲得了令他們興奮的要約。當然，我們也很高興，不過這個故事真正的寓意是，如果沒有同時教育兩邊，我們不可能幫助他們取得進展。我們的「標竿管理」（benchmarking：指一家公司將另一家表現更優秀、成效更卓越的公司視爲標竿，並在產品、服務及經營實踐等相應方面進行比較，從而不斷超越自己、超越標竿，這是精益求精且追求創新與流程再造的過程）為候選人提供的數據不僅幫助他們證明自己的價值，對於聘用他們的公司也傳達了明確的訊息。深度數據（deep data）顯示，這家銀行目前的薪資範圍實在不優渥。最棒的是，分享這個資訊間接促使他們重新評估，帶動未來大幅提高管理者的薪資。因為根據我們的指標，那些準管理者被低估了。

當談判也使你的新主管獲得加薪時，你知道自己有了一個好的開始！

此外，必須明白指出的是，如果我們接觸的公司不了解特定人才將為他們帶來的價值，這些成功都不可能發生。只有在意識到自己必須進行多少調整之後，為了網羅想要的人才，他們才會願意解決各種談判項目。吸引十倍力人才須針對個別不同制定策略。

回過頭來看，我們的成功並非只受到銀行渴望雇用這些人的激勵。真正的關鍵在於我們向他們解釋，如果不重新思考他們的策略，將永遠無法聘請到執行未來計畫的完整團隊。我們的人很清楚：如果你給我們想要的，但接著又做不到，那麼一切都是徒勞，因為我們無法完成你託付的事。

個案三：一鳥在手（滿足現有的）

一名臉書和另一家大型上市科技公司企圖延攬的資深 DevOps 工程師與我們接洽。雖然要約激起她的興趣，但她在 SalesForce 工作得很愉快。她希望從我們這裡獲得幫助，在現有的選項中做出精準判斷。

我們提出的問題形塑出處理的依據：

一、**對於她的人生和生活方式，最重要的是什麼？**如同我們大部分的客戶，完成「生活方式計算表」促使她以完全不同的方式思考招募流程。一開始做為改進（薪資和權益）的幾個要點也會變得更加堅實且涵蓋層面更廣，當中包括有薪假、彈性工作時間、研討會、持續專業成長與教育的經費。

二、對擁有跟她一樣學經歷的人來說，什麼才是合理的報酬？我們不光根據她目前的薪酬待遇，也以像她這個等級的其他人來評估她的要約，同時基於前一節述及的理由，對這些數字做了調整。我們發現，薪資、權益獎酬及獎金方面有很大的改進空間。

藉由探究什麼對她是最重要的，我們發現具有影響力的兩個關鍵點：第一，同時有兩家公司想延攬她，我們可以讓他們相互對抗（坐收漁利）；第二，她對目前的工作非常滿意且安心，要離開必須有很大的誘因。擁有喜歡的工作很難得，你也喜歡從事這份工作更難得。你不會什麼都沒有就跳槽。

考慮到這兩點，我們做的第一件事是放慢與流程上會花比較長時間的公司的談判，同時加快與另一家公司的進展。我們讓這兩家公司知道，如果真心想網羅這名人才，他們必須提出令人信服且條件優渥的要約。其中一家遞來的要約展現了積極爭取的企圖心，另一家給出的則是低於每項指標的虛弱價碼。

不過，我們才剛開始。

第二步是精心製作一份「夢寐以求的反提案」，將所有對客戶重要的因素都列入其中，包括優渥的薪資、豐厚的權益待遇、更多有薪假，以及持續教育和研討會的經費。

這是延伸要求，但在合理範圍。最糟的局面是，她仍會擁有自己喜愛的工作。

第三步是將我們的策略重點擺在改進兩份初步要約中較優的那份，因為他們的熱忱暗示了更大的可能性。她對他們提供的工作更感興趣，某種程度上是因為在面試過程中，他們花時間向她解釋為什麼想要她，而不是任何想要這個工作的人。他們表明，認為她是唯一的合適人選，能夠幫助實現公司一系列非常重要的目標。我們帶著精心擬定好的反提案找他們商談，並告訴他們如果在某個日期前滿足所有的請求，我們就不會尋求臉書的反提案。

他們上鉤了，而且提出的新要約幾乎滿足每一項請求。我們的客戶覺得這已經十分接近她夢寐以求的待遇，也是離職的充分理由。我們將她的報酬增加超過一倍，也為她爭取到頭銜晉升、更多的有薪假及教育和研討會的適當經費。最後，我們也確保她會有一個平穩的過渡期。

再一次，我們必須把心力集中於她真正想要什麼，並且教育未來的公司為什麼這些是創造「雙贏」的合理請求。

必須說明的是，上述所有個案都是為了媒合全職雇員進行的談判。事實上，雇員本身就是討價還價的籌碼，並非每一位十倍力者都想被一家公司緊緊綁住。

我們在「十倍力管理」每天都在幫自由工作者談判，這類談判通常會是這種情況：

我們說：「X君每小時三百美元。」

十倍力者說：「哇，這價碼真的很貴。」

我們親切地向他們解釋當中的變數，接著說明他們應該比較每個人在一小時內的成果。假如某人一小時一百五十美元，且需十小時才能提供一個解決方案，那會付一千五百美元雇用「比較便宜」的人力。但是，如果相同的工作由一小時三百美元的人花三小時完成，便能省下六百美元。沒有綜觀全局，無法做出明智的決定。

歸根究柢，不管涵蓋範圍多廣，最好的公司對於任何要求很少感到猶豫不決。他們傾聽、學習並做聰明事，也就是最終能令他們實際受益的事。從根本上來說，最好的公司知道人才處於掌控地位。畢竟我們很難想像，沒有人才的職場會是怎樣？

L．E．A．P．

到目前為止，我們都專注於探討企業如何提升招聘策略上的競爭力。儘管我們夢想有一天所有的公司都會採納這些想法，但事實是很多公司不會，這是為什麼我們也要提供人才他們需要的策略，以便他們能夠幫助公司改變心態，接受更進化的觀點。

談論工作時，常會聽到人們說：「這要雙方共同努力。」或者，「你在面試公司實際上，是他們在面試你。」不錯的見解，儘管有這樣的基本邏輯，還是要把雇主幾乎永遠都在（試圖）掌控的事列入清單仔細想過：

- 職務內容及期望
- 所需資歷
- 何時面試及那裡舉行
- 誰會列席面試
- 後續行動的時間表

為了消弭這種根本上的不平衡，我們設計了「雇用期望與優先考慮事項清單」（Employment List of Expectations and Priorities），或簡稱「L．E．A．P．」。這份由職務人選和雇主代表填寫的文件，能夠幫助他們了解候選人希望從雇用契約裡獲得什麼。

我們在這方面的假設很簡單：如果企業對於職務內容能提供詳細說明，為什麼候選人不能比照辦理？

簡單說，「L．E．A．P．」本質上不是職務內容或個人簡歷，但可能有些部分與兩者重疊。「L．E．A．P．」可以讓對話更進一步，並說明人才的真正期望、優先考慮事項，以及他們希望為公司達成什麼目標，此外還包括薪資、「生活計算表」中的其他許多屬性、對企業文化的渴望，以及有關可能的工作安排。

透過「L．E．A．P．」，人才可以正式將自己的期望提交討論，並在協議中拿回部分權力。是的，企業尋找理想的合適人選，而你在尋找理想的公司，這就像平等誓約的婚姻。

當然，不要過早行動和太早提出「L．E．A．P．」，這點很重要。人才只會希望在公司確信他們的基本價值後才遞交這份文件。一旦情況看起來確實有進展且公司已有動作，很可能就會提出要約。當公司詢問要求的薪資時，會是另一個坦率說明的明顯時機。這份文件應該對雇主也會很有幫助，因為他們現在了解什麼樣的要約能對這名候選人產生實質的影響。

那麼，「L．E．A．P．」究竟看起來長什麼樣？

「L．E．A．P．」本身及其架構必須根據情況專門訂製，為了期待得到好辦法的人，以下提供粗略的樣式。

L．E．A．P．電子郵件

（招聘方名字）＿＿＿＿＿＿，您好！

一直以來非常感謝您。由於我們似乎正進入討論協議內容及雇用的階段，我擅自設計了一份「雇用期望及優先考慮事項清單」。這是比較新的概念，用來協助企業提出最能同時符合員工與雇主目標的要約。

在此先做幾點非常重要的說明：我希望這份文件有助於了解什麼對我很重要，並在任何方面都不會被認爲傲慢無禮。我完全看得出自己的一些期望可能不在貴公司政策及慣例的合理範圍，但如果我沒有清楚解釋自己的優先考慮事項，那就是我的疏忽。

我並非期望獲得清單上提到的每件事，但眞心很希望能有開放且坦承的對話。我知道公司擁有這樣的資訊時，能夠達成更多協議並使員工／雇主更加滿意及維持雙方關係。

總而言之，我的意思是這份文件對我們雙方都有益處。在您有機會詳細看過之後，如有任何問題，還請讓我知道。如果都很清楚，我非常期待收到您的要約並努力成爲您團隊的一員。

L．E．A．P．文件

（招聘方名字），您好！

我提交這份「雇用期望及優先考慮事項清單」是想說明自己對　貴公司（職務名稱）的期望。我希望這會幫助　貴公司精細擬出使我們能迅速取得進展的要約，並且很快就能開始與您共事。

關於這項職務，我的請求如下：

- 本薪：X～Y（如果與要約有關的其他一切都完全符合你的要求，X應該要是你能接受這個職務的最低薪資；如果要約的其他一切都很糟，Y必須是你能想像類似公司能付這個職務的最高薪資。）
- 獎金：X
- 權益：服務滿y年享有$________
- 假期（有薪假）：每年X天
- 到職頭銜：（職銜名稱）
- 彈性時間：每週或每月能有X天在家或遠距工作
- 退休金、醫療及其他福利：（問題或憂慮）
- 調派安家費（如果適用）：關於這部分，貴公司有什麼政策？我聽說您們通常會提供搬家及前六個月住宿的費用補助。
- 辦公室：個人對有門的辦公室有強烈的偏好，因爲在沒有太多干擾下，我會最有效率且做得最好。
- 外部專案：（這裡會是你列出任何董事會、理事會、委員會職位，或你希望在受雇於他們時繼續的外部專案。）

• 在你的清單上，其他希望獲得的事項：

感謝您撥冗考慮我為這個職務設定的目標，並衷心希望這些目標會有助益。有可能與（公司名稱）一同進步，令我十分興奮。

敬頌時祺，（你的名字）

這些很明顯只是大略的內容編排，但最重要的是，每一位人才都能明確傳達自己對職務的期望，找到使雇主與員工之間的權力動態（power dynamic）取得平衡的方法。如果你能透過經紀人或可信的「第三方」來傳達這些資訊，那會更棒。當你運用得當，這種簡單的「自我揭露」（self-disclosure）行動能將整個談判的時間減到最少，不僅處在一個更加合理的起點，同時也攔阻了未來的各種衝突。

你相信魔術嗎？

流行樂界的遊戲規則改變者詹姆斯．迪耶納（James Diener，旗下代理魔力紅〔Maroon 5〕、艾薇兒〔Avril Lavigne〕、蓋文迪克羅〔Gavin DeGraw〕及其他藝人）著手進行談判時，有效運用了商學院沒教你的技巧。那些不僅僅是技巧，我們說的可是「魔術技法」。身為魔術藝術學院（Academy of Magical Arts）的長期會員，從迪耶納有記憶以來就一直在表演紙牌魔術。

「自我十或十一歲起，還未在沒帶一副紙牌的情況下真正離開家過，」他告訴我們，「這是我一生最酷愛的其中一件事，而且實際上與我的商業觀點吻合。」

不過，這並不是指迪耶納真的在變戲法，或對與他談判的人施展催眠術！比較像是透過魔術研究，使得他對合約談判的變化無常預先做好準備。「研究魔術的好處之一是，」迪耶納解釋，「即使為了獲得初步成果，你也必須付出很多很多的努力。」

迪耶納表示，如同武術或一門學科，需要多年時間才能創造必要的神祕和錯覺，即便僅僅只是做出一些效果。「透過魔術，我學到紀律和耐心，」他說，「還有更重要的是，十或十五年前學的效果，我仍一而再重複運用、一點一點加以改進。你要持續不斷學習，就像商業界，如果不願努力工作及投入準備工作，你很可能會遭遇難關。」

我們問迪耶納這是否意味他帶著「撲克臉」去談判，他立刻糾正我們。「當然不會，」他說，「魔術正好相反，建立連結比什麼都重要。這麼說吧，你和我各自學了一個紙牌效果。我們倆都掌握了技法，可能還需要會一些巧妙的技巧。理論上，我們會有相同的能力做出相同的效果，並獲得觀眾相同的反應，對不對？現在，為了提升到更高等級，成為優秀的魔術師須學會所謂的觀眾管理（spectator management）。」

迪耶納將這個宏偉的術語形容為一種根據誰在觀看、多少人觀看、哪部分的觀眾在觀看、他們坐在哪裡、什麼樣的性別、你和他們的相對位置……調整魔術表演效果的能力。每一個細微差別都很重要。

「你站在一群女性面前、或有一對對情侶在你右邊？你在酒吧裡為一群人表演？他們正在喝酒，環境安靜或吵雜？你要不斷仔細觀察，調整魔術的鋪陳方式。」

迪耶納解釋，「熟練」的魔術師與十倍力魔術師的差別，在於管理與觀眾反應有關的效果動量（momentum）能力。「這就是差別所在，」迪耶納說，「訣竅是在魔術裡創造非比尋常且令人驚嘆的效果，同樣的訣竅也適用於創造成功的協議。有些人或許從嚴格的法學院或商學院畢業，讀了所有相關的教科書，但可能仍沒有真正理解管理所需的實務及人際經驗。隨著協議的展開、進展、互動、每封電子郵件、每通電話會議，你都可以運用這種能力。」

迪耶納表示，真正的魔術師在任何地方都喜歡表演，但有時懂得什麼時候不該表演很重要。「優秀的魔術師走進一個空間就知道『這裡不會有積極的互動，』因為他們努力了解周遭的人心情如何，他們想不想被打斷和娛樂，也許他們此刻不想被干擾？或者，空間裡可能有衝突。在還沒拿出一副牌之前，他能看到表演機會有八五%的風險已經排除。」

無論是合約談判或魔術表演，新手都會感到困難重重。如同迪耶納的解釋，他們會假設人們樂意、興奮且願意接受，但也因為這樣的假設而失敗。時機很重要，而迪耶納有時會等到最後一刻才呈獻效果或提出自己的想法，他有預知的判斷力及敏銳的耳朵。

「我不知道出席了多少次會議，很清楚有人會拋出某些東西或嘗試擠出一些想法，但時機就是不對。或者更糟，人們已經對其他議題表現出抗拒，不願意接受接下來的話題。我試著繼續傾聽這類東西。如果加以思考，你的成功機會就會比沒思考來得大。」

為了說明觀眾管理，迪耶納告訴我們的精彩故事是關於一個獲得白金唱片的音樂表演組合，這個必須匿名的表演組合承受了巨大壓力。迪耶納解釋，當時這個組合才剛竄紅，唱片公司對接下來的宣傳感到興奮。

讓一家大唱片公司的國際和全國分部在背後投入資源，可不是小成績而已，大部分的音樂表演者都想奮力爭取。優先獲得這種待遇的表演者通常不到五%。但迪耶納的演唱組合得知消息後，隨即猶豫了。雖然他們的唱片公司很興奮能馬上接續進行宣傳，按照密集排定的行動策略，但同意繼續之前，他們還想對專輯曲目做些富有創意的變化及修改。這個演唱組合的其中一名成員積極爭取改版重錄專輯。

「重新錄製是英文裡最糟糕的措辭之一，」迪耶納笑著說。

時間一分一秒流逝，而且已經花了幾十萬美元拍攝好音樂錄影帶。樂團的管理向迪耶納求助：「我無法說服他們相信重新錄製是個錯誤，也許你可以。」

「我嘗試在電話中跟藝人談，」迪耶納說，「但透過電話與音樂人進行多方會議極為困難且效果不佳。你需要有眼神交流，才能有效評估及解決問題。與他們碰面的唯一方式是在沒有事先安排下，最後一刻才到另一州的當地演唱會直接跟他們開會。」確實如此，唱片公司富有創造力的核心團隊就是會這麼做。坐在後台，一群人認真地展開協商，究竟該發行目前版本或重新錄製？會談的第一部分很理性，把事實提出來公開討論。唱片公司準備冒巨額損失的風險試試看他們認為值得的版本。然而，樂團愈是面對道理，他們就變得愈反抗，而且愈堅守立場。嚴格來說，唱片公司有權無視他們，並有權發行現有的專輯，但迪耶納覺得不顧藝人，並拿他們拿他們的作品和信任當賭注，做了事後無法彌補的事是不明智的。「音樂人不喜歡被強迫，告訴他們：『這就是怎麼回事，你們必須接受，』這種話會令雙方都不好過。」

迪耶納十分堅持，他唯一的辦法就是運用自己在表演魔術時的觀眾管理。他留神傾聽討論，並在一旁觀察。

「我注意到其中兩名團員之間的分裂，」他回憶道，「很不明顯，但確實有。他們可能表現得好像彼此意見一致，但實際上不是。」

從這微小的隱祕訊息，迪耶納開始懷疑現場是否還有沒被公開表達的意見。他決定冒險，於是要求不具名投票。他甚至提議離開，這樣他們才能彼此互相討論；然後，他發紙巾給他們匿名表決。

不可思議的是，大多數都同意照現有的版本發行。一個強而有力的細膩觀察，帶了幾分戲劇性及大膽的冒險提議，不僅揭露真相，同時修補了所有參與者之間的和睦關係。

迪耶納能如此敏銳解讀「觀眾」的其中一個原因是，他本身扮演了許多角色，譬如唱片公司負責人、唱片製作人、A&R（Artist and Repertoire，唱片公司底下一個負責發掘、培訓歌手及藝人的部門）主管、經紀人及其他身分。即使與對方意見不合，也能夠轉換角色助於達成協議，因為他會站在另一方的角度思考，並且始終展現同理心。

談判中發揮同理心會帶來益處，可能令某些人感到驚訝。

迪耶納說：「無論從正規或非正規訓練學到，想盡辦法從對方身上獲得所有可能的讓步來做生意的人，唯一看到的只是交易本身，而不是交易裡頭還聚集了許多的交易。我秉持的信念是，唯一真正重要事是人們完成交易的感受。不管怎樣，我都認為這會是最終與對方建立許多互動的其中一次。因此，如果他們記得正向經驗，那會比我為了想獲取更多而欺壓他們得來的更有價值。」

有時，迪耶納會將數字調為整數並讓對方受益，藉以表明自己主要關切的不是那些小數點。這個小舉動使日後的談判更加容易，而且更快達成協議。迪耶納也認為對方通常能夠意識到，當請求是「基於要求」，而不是「基於懇求」時，會導致談判更緊繃，成功的機會更小。

「如果不能擁有一顆同理心，」迪耶納說，「你就永遠都會被每一次的交易擺布。你累積的是沒有之後可以使用的聲譽貨幣（reputational currency），而聲譽貨幣如同處理比較棘手情況時丟出的鬼牌（wild card）。」

聲譽貨幣，就像魔術一樣有用。

對管理者的測試

如同管理者必須評估人才，人才也要檢視自己即將加入的團隊。到任新職卻發現自己犯了可怕的錯誤，沒有什麼比這更糟的。在簽訂合約之前，你可先自問以下幾個基本問題：

一、他們問了多少關於你、你的興趣和目標？他們有沒有顯露出任何關心，還是只對你能帶來怎樣的幫助感興趣？

二、他們有沒有問你如何從過去的經驗中成長？優秀的管理者尋找處於持續發展狀態的人才，知道如何透過一個人職涯發展的弧線找問題，從職務候選人口中套出他們是否處於發展狀態。如果他們不是那麼熱切，可能不是適合你的管理者。

三、在面試期間，你有沒有給自己機會，對某些不重要的小事提出反對意見？你可以迅速放棄爭論，但透過這個戲法（特別感謝強納森・洛文哈的分享），你可能在過程中對坐在桌子另一邊的人會有更多的了解。如果他們立即覺得受到威脅或被激怒，那麼你就知道他們很可能會是「順我者昌，逆我者亡」的管理者。如果你可以接受，那就這樣吧，但好好考慮，再做選擇。必須注意的是，如果這個戲法運用得不好，你可能會錯失機會。所以，在仔細解讀所處的環境後，小試一下就好。

四、你有沒有向面試官提出有關公司文化的深入性問題？譬如：大家都什麼時間上班？可不可以遠距工作？何時休假？休假時，會不會被要求隨時待命？如果確實存在公司價值，會是什麼？這些價值是不是有公開說明？什麼是面試官喜歡在這家公司上班的原因？關於這個團隊的成員，最棒的是什麼？最糟的又是什麼？

將來這一生中，你可能每週花四十到六十小時在這家公司，與這些人一起忙著做專案並融入他們的氣氛中。因此，務必清楚了解，自己即將從事的是什麼工作。

實現「寬」

一九九六年廣受歡迎的電影《征服情海》（*Jerry Maguire*），劇中湯姆克魯斯（Tom Cruise）飾演事業走下坡的運動經紀人傑瑞（Jerry）；小古巴古丁（Cuba Gooding Jr.）飾演他的運動員客戶羅德・提威爾（Rod Tidwell）。傑瑞問提威爾真正想要的是什麼，提威爾的回答是最令人難忘的台詞之一——「寬」（the quan）。但什麼是寬？

「愛、尊重、參與，還有鈔票，一整套組合，」提威爾閉上眼睛、張開雙手比劃出絢麗繽紛的樣子，一邊解釋「寬」。

這個虛構概念的出色之處在於，融合了好幾種不一定要緊密連結在一起的力量。但就像提威爾暗示的，唯有對的人才和對的管理者攜手合作才能夠實現。

為了說明人才—管理軸線能透過怎樣的合作來實現「寬」，我們認為概述一下我們其中一位客戶的職涯弧線將會很有幫助。可以將其視為本書的基本概念，僅僅發生在職業生涯的一小段時期。

雖然我們更改了客戶的名字和提及的公司名稱，此處概述的基本場景還是非常真實。他們代表了我們與許多十倍力者共同經歷的弧線。

最早開始與艾略特（Elliot）合作時，我們就看出三件事，頭兩件很明顯：第一，他有一顆非同尋常的腦袋，特別是他還這麼年輕；第二，他受到重視的程度並沒有與他的能力相稱。隨著時間一點一滴觀察，讓我們印象深刻的第三件事是，艾略特擁有強大的成功衝動。他會提出適切的問題，喜歡立即聽到回饋，而且渴望學習，儘管他已經懂非常多了。

與大多數客戶關係一樣，我們做的第一件事是一同深入了解什麼是他期望的職涯目標。什麼類型的專案令他興奮？他喜歡運用那些技能更勝於其他技能？我們希望大致了解他想如何運用自己的知識幫助其他人，同時又能享受過程。

由於我們與客戶的關係結構是，如果他們一無所獲，我們也會一無所獲。因此，艾略特很快就理解到我們對於工作的價值主張（value proposition）只能是雙贏。我們會有切身感受，因為他的成功就是我們的成功，反之亦然。

那時，我們非常努力建立規模不大但運作靈活的小經紀公司，想成為企業迅速覓得最優秀、最聰明的自由科技人才必找的資源。艾略特注意到我們的努力，並且曉得我們在建立自己的品牌方面愈有成效，參與的公司便會提出愈好的要約，也就是他自己能善加利用的要約。從我們的角度，我們知道人才愈幹練，我們就愈能幫助那些公司找到合適的資源，解決他們最棘手的技術問題。這種視角的協力合作，增強了艾略特與我們之間正在建立的相互信任感。

我們為艾略特安排各種工作，他也證明自己十分能幹且動作快速（就像超人一樣快），每每離開時總留下一群極為開心卻也十分不捨的客戶，可謂締造了十足的雙贏效果。

大約這個時候，一家公司請我們尋找有關機加密技術方面的人才，這對艾略特來說再適合不過了，因為他本身就是比特幣和一般加密貨幣非常早期的改編者。我們為艾略特贏得這份工作，並談到他有史以來最高的報酬，很大程度上是因為我們能夠精確誇讚他的技術多麼純熟且快而牢靠。「第三方效力」再度奏效。

一開始，這份加密工作就因相當明確的聘用合約受到具體保障。艾略特將為他們建置一套以前從未有過的加密交易系統，同時間仍維持自由工作者的身分，如果想要，仍舊可以與其他公司合作專案。我們協助確保艾略特拿到與自己付出的時間相稱的合理報酬，以及協議的條款是公平、公正且清楚的。聘用期間一切進展順利，而艾略特非常興奮自己賺了這麼多錢。最終，這家公司非常滿意艾略特的工作成果，因此向我們詢問他是否願意考慮加入他們團隊的全職行列，也就是成為全職受雇的員工。當時，艾略特並非真的想找全職工作，但他很喜歡做這個專案，也對公司正在建置的東西感到興奮。總之，他願意考慮這個要約。

不過在做決定之前，我們和艾略特一同努力，讓他確實思考從事全職工作對他最重要的是什麼。當時我們還沒有製作正式的「生活方式計算表」，但某種程度上，這推動了我們把它創造出來。詢問過後，我們立即為艾略特協商全職要約。我們幫他談到期望的薪資、他要求的權益，以及我們認為與他技能等級相稱的職銜。我們也確保了他可以在全國各地遠距工作，這對他來說很重要。這意味著他沒有州所得稅，使他能保有更大部分自己的薪水。再一次，「第三方效力」發揮助益並為艾略特提出有利辯護。

必須說明的是，當時艾略特自己並沒有很在意職銜，但我們覺得那對他很重要，因為這份工作結束時，如果他決定繼續在業界從事全職工作，現在的職銜將是未來頭銜和要約的跳板。這些洞見是我們分享「超級洞察力」的方式，也就是積極預測未來。

轉眼幾年過去了。艾略特很喜歡在這家公司上班，他為該公司的產品帶來重大影響，但他現在渴望其他的挑戰。他選擇離開公司，重新做回自由工作者，同時希望我們幫助他找到合適的工作。因此，類似的過程再度展開。

艾略特開始又以自由工作者身分接了另一個加密專案，而且再次讓公司驚嘆不已，因此想要雇用他做全職。他們問艾略特是否會考慮加入團隊並擔任副總裁。雖然他有興趣，但因為他在前一家公司的職銜已經是副總，也因為他在自由接案與前一份工作之間累積了非常多的經驗，我們知道他應該得到更多。艾略特之所以會接受這項建議，是因為他知道我們有切身感受。

因有精心制訂的策略性步驟，我們才能讓公司確信艾略特是擔任技術長的適當人選。但是，這並非一夕之間發生。

在我們向公司證明艾略特已經為擔任技術長做好準備之前，我們向艾略特指出，他必須提升自己的人際溝通技巧（people skills），這是人才管理必備的「內在洞察力」。我們向艾略特說明，我們要說服公司相信，他已經做好準備隨時可以帶領大型團隊。

我們先前的「超級洞察力」確實得到了回報：如果我們沒有努力爭取提高之前的頭銜，我們很可能無法提出這次要求。最終，公司同意艾略特所有的要求和需求。但讓我們（和公司）大為驚訝的是，艾略特選擇不接這個職位。他有自己想要實現的事，而且是完全不相干的東西。

我們尊重他的選擇。在新型態的人才經濟中，我們知道像艾略特這樣的人才有選擇自由。為了與他們合作，必須毫無異議接受這個基本事實。況且跟著這位十倍力者步上另一條路，誰敢說讓他感到興奮的那條路不會通向更好的結果？

我們參與了艾略特的策略轉向，並幫助他實現自己的夢想。為此，他顯然需要學習一些自己沒有的特殊技能。如同真正的十倍力者，就在他婉拒技術長職位的同時，他已經做好準備、願意且想要獲得進一步的教育。

我們把艾略特引介給「十倍力管理」的其他客戶，這幾個客戶經營了一間令人讚賞的境外開發商店（dev shop）。同時間，他結束了另一個需要管理不同境外團隊的專案。這些團隊使艾略特能快速學到自己必須精通的技能。與直屬部下一起工作也讓艾略特有機會發展及提升自己人際溝通技巧，還有開始實踐360度管理，並與後端客戶、他監督的團隊及提供他全新教育的人合作。

在艾略特可以為專案所有方面負責並提供程式設計的同時，他也轉換角色，十分有效地管理境外團隊。撰寫本文時，專案仍在順利進行，艾略特與團隊及同事的關係和往常一樣堅固。如果合適的公司來找，他擁有與自己程式設計能力相匹配的黑帶管理技巧，的確是擔任技術長的適當人選。

一路走來的每一個階段，艾略特有我們隨時待命，幫忙發現他的盲點，幫助他在還沒發生前先看到可能的棘手問題，並在需要的地方支持他。艾略特現在顯然身處在「雙重角色世界」，知道自己不僅有能力使大型團隊運作並管理他們，而且也會照管自己的個人需求，包括渴望受到更多教育及獲得更多成長。最棒的是，他對整個情況感到滿意，同時更有彈性充當個人貢獻者、團隊成員或團隊領導者。

艾略特只是我們在娛樂圈和科技界擁有眾多類似關係的其中一位客戶。這些年來我們跟大家一同使用他開發的 calibre（一款免費開源且功能齊全的電子書管理軟體，可以有系統安排、存放及管理電子書），因而讓我們從有利的視角審視本書的出版。

對於每一個人，我們希望你們

進行談判時，企業最佳的高階實踐

與公司雇員：	與獨立承包者：
盡可能多了解什麼對特定的職務候選人（求職應徵者）很重要。我們的「生活方式計算表」是很好的起點。在不了解什麼對候選人很重要的情況下，你不可能提得出與他們目標一致的要約。公司可以設計自己版本的 L.E.A.P.（期望與優先考慮事項清單），在提出要約前，當做對員工所做的一份調查表。這麼做會被認為既先進且對員工友善。	無論對大型諮詢顧問公司或個人承包者，許多公司都使用通用的合約，這沒有道理。建議準備兩種格式的合約，一種用於聘雇承包者做你的專案，一種用於不在納稅申報上的小型團體及個人。對承做專案的個人或小公司來說，九十天的付款期簡直太離譜了。這些付款條件或許對大型諮詢顧問公司可行，但對個人是站不住腳的。我們的最佳實踐指南是，對於公司，三十天付款期是可接受的，對於小公司或個人貢獻者，五到十四天應該會是標準做法。在凡事講求數位化的時代，如果這種時限付款的想法聽起來令人畏怯，那麼你可能有其他問題需要解決。

與公司雇員：	與獨立承包者：
請勿依據員工擁有的「相似」技能，提出千篇一律的要約。利用從「生活方式計算表」發現到的，了解哪裡需要增加或刪減。沒有什麼會比讓候選人覺得自己只是不可或缺但無足輕重的人來得更令人厭惡的，充分了解每位人選能讓他們感到獨特。	如同大部分的契約聘用，當簽訂的是雇用性質的工作時，在付清完成簽訂工作的全部款項前，IP（網際網路通訊協定）不應進行轉移。我們經常遇到這整情況。不管建構IP的款項是否已經支付，公司都想進行IP轉移。這沒道理，而且建構IP的承包者全無任何保障。如果這種觀念對公司來說是難以理解的事，那麼避免橫生問題的替代方法是提前付款。可以採用分期支付，譬如每週提前支付未來一週的工作款項。依照前述方式，全部建構完成的同時也會擁有IP，因為最後一週的款項已經先付清了。
評估特定候選人及技能對公司的策略性目標有多重要，並根據評估在一定程度上願意積極進行談判。有時這可能要求你調整內部的薪酬結構，或調整權益如何獲得。對於合適的人才，這些調整會很值得。	盡可能使用簡單且易懂的合約格式。我們處理過單單一份雇用就超過五十頁的合約，這令人難以接受。我們「十倍力管理」使用的格式是一份六頁。從《財星》五百強公司到小律師事務所，我們在數千個不同的雇用上都用這個格式，而且沒有任何問題。無論什麼合約，超過十頁就算誇張。至於代表你的那些律師，我們要說的是很多公司聘請我們的十倍力客戶（科技人才）為他們工作，他們全都沒有問題並在我們的合約上簽字。當你使用恰當、簡明且合乎邏輯的合約，事情會進展得非常順利。

與公司雇員：	與獨立承包者：
清楚説明公司文化、價值和目標；如果候選人對你來説很重要，不妨讓他們有機會親身體驗些許你的公司文化，譬如你可以告訴他們知道什麼對他們很重要。如果他們明顯對乒乓球桌和打盹艙不感興趣，那就不要著墨在這些點上，把重點放在他們關心的事情。	確保所有的協議（契約）包含明確及溝通後彼此商定的期望。工作出了岔錯時，肯定是因為溝通上出現不一致的情況。我們也向自己的客戶及與他們簽約的公司強調，儘管每個人都想立即著手進行，但在所有人開始合作前，先解決這些最前面的問題很重要且值得多花點心思。所謂三思而後行！
如果你不是上市公司，而權益（股票或股份）占你提供待遇的很大部分，請在未來員工需要行使權益時，給予他們彈性。你可能用權益做為獎酬來談判較低現金的要約，因此如何使候選人能夠獲得這個權益，在這方面必須大方。幫助他們了解你要約的優缺點。這是一個複雜的問題，在沒有指導的情況下，多數人都無法理解其中的細微差別。由於被哄騙了很多次，如果不易換成現金，很多員工根本就會漠視股票的價值。	讓付款變得更為頻繁。我們每週定期開立發票，以便讓聘用我們客戶的公司收到金額較小的付款帳單，更快速獲得會於發票中載明與工作進度有關的資訊，同時款項能更快進入應付帳款系統。這有助於確保款項順利且持續支付，而我們的客戶不會工作了很久才看到錢入帳。更重要的是，這能保證發票面額不會太大，避免因延誤付款而衍生更大的問題。研究顯示，金額較小且較多筆的發票有助於確保按時付款。此外，這也有助於保證付款同時，IP轉移更加頻繁，會是另一個雙贏的局面。

與公司雇員：	與獨立承包者：
說明公司的優點及友善員工之處。切莫以為所有公司的做法都要跟你一樣。了解自己的競爭優勢，包括產品和服務相較於競爭對手的優勢。另外，熟悉你所提供的聘用優勢（例如權益選擇權的有效期長，可抵換現金的未休假時數或展延這些時數的請休、無限制的休假政策等方面）。	確保內部團隊快速回覆承包者的問題。常常我們的客戶要求更多時間來為公司完成特定建置時，延遲的原因多半是內部團隊成員沒有對撰寫出的程式做回應，也因此才會批准展延要求。為了幫忙確保聘用不會發生不必要的拖延，我們往往必須介入促請公司回覆。

在管理方面，可以發現並獲得讓初露頭角的人才增長十倍力的指導方法。

本章重點

一、在談判桌上，每個人都必須以不同於過往的方式代表自己。形勢會變得對人才更為有利，至少對最重要的人才。

二、每場談判都有各自的對象，企業必須根據個別人才的需求、而不是以聘雇一般求職者的方法提出要約。

三、為了對每位職務候選人（求職應徵者）提出訂製的要約，企業必須了解他們各式各樣的生活方式和就業目標。除了贏得人才爭奪戰，他們在過程中也可能省下一些錢，因為他們知道人才想要的並非都是現金。這能提高招聘率及留住人才。

四、人才必須熟悉「生活方式計算表」中的二十四個要素，並了解哪些與自己最相關且最重要，以便將這些需求傳達給未來的雇主。

五、擅長設計「L．E．A．P．」文件（亦即「期望與優先考慮事項清單」），有助於在談判的適當階段提出自己的需要和要求。

六、企業聘用公司雇員或獨立承包者必須具有彈性，並依職務所需技能及人才成功解決特定問題的輕鬆程度來做決定。

七、觀眾管理意味著學會即時解讀環境。在所有類型的合約談判，這是最不可缺少的「隱形」工具。

八、能真誠對談判桌另一邊表示同情，並在諸多協議上考慮到長期關係的談判者，最終會建立自己的聲譽，並在需要處理困難的問題時擁有特別的影響力。這使他們能夠使用適切的語言，並提出吸引人的論點。

後記

雙重角色世界的雙贏

我從未失敗，不是贏得勝利，就是學到經驗。

——第一任南非總統、諾貝爾和平獎得主　尼爾森．曼德拉（Nelson Mandela）

完全發自內心，我們在二十五歲一同創立自己的管理事業時，主要是為了追求勝利的快感……當然，還有財富。幫助別人或許是錦上添花，但確實不是我們最初的動機。對於舉辦桶裝啤酒派對或為樂團爭取在大一點、好一點的夜總會演出，我們樂在其中且充滿自信。當然，我們有時會因客戶的感激之情而備受激勵，但我們還未真正領悟，究竟怎樣才能成功幫助他人。

然而，艱苦的工作會漸漸以讓人難以理解的方式迫使你成長，有時甚至令你身不由己。隨著經歷更大的成功及更深的挫敗，我們開始注意到一種自己無法否認的模式浮現。當我們能讓客戶最深層的目標成真時，生活變得更加令人滿足，工作也帶來更大的成就感。那不僅僅是他們表達的感謝，當然更超過了我們所賺到的錢。從某種意義上來說，我們就像一個團隊，共同參與了夢想的成真與目標的實現。

很難承認，但起初發現幫助他人實際上是工作最有價值的部分真的很令人驚訝。坦白說，等意識到自己做的每件事都是服務他人時，我們已經成立了四家公司。一方面我們可能不像自己想的那麼聰明，另一方面我們還沒有得到足夠的管理來幫助我們發現自己的盲點。

現在，我們知道的不止如此，也曉得自己的動機來源。這很有用，能使我們奮力展開行動、做我們該做的。

即使有時令人畏怯，我們的目的與人才－管理工作密切相關。我們的工作既是一種出自於根據經驗來做評估的藝術形式，也是一門發展迅速的硬科學（hard science）。最終，無論他們從事什麼行業，人才管理都是關於人，而人既複雜又麻煩。事實證明，管理（他們）是一種富有挑戰，但情感上積極主動朝因他人成功而慶祝自己成功的邁進方式，同時也讚揚儘管在面對重重困難，還是能夠成長茁壯、勤勉工作、尋求改進、學習經驗，最終贏得勝利。

同時毫無疑問，他們的失敗也是你的失敗。如果聰明，你會讓這些失敗漸漸變成奮鬥傷疤（battle scars），成為你最好的導師。它們將會在下一次協助指引路徑。

撰寫本書期間，我們有機會與一些傑出的人士交談，他們全是真正的遊戲規則改變者。其中幾位是剛認識的，但很多都是相識許久的朋友或同事。就整體而言，他們日常的實際情況跟我們大相逕庭。儘管如此，從銀行執行長、生物科技編碼員、生活教練及零食大亨那裡得知的基本訊息，各個產業及垂直領域顯露的普遍性，都讓我們極為震驚，以下只是幾件他們似乎全都一致認同的事：

- 在互相信任和互相尊重的地方，成功的機會更大。
- 人才有自己做事的方式，必須給予尊重。為了讓人才茁壯成長，務必提供他們需要的資源且不要妨礙他們。
- 談判不可能各方面都顧及。為了達成共識，你必須帶著同理心和同情心了解談判桌另一邊的真正需要及渴望。
- 不論多麼（或多不）成功、富有或有影響力，你都需要外部觀點的指導，以便適切學習、成長，並做出最重要的決定。
- 在團隊合作中，誠實是無價之寶，也是邁向長期信任的唯一途徑。
- 共同願景與切身感受連接在一起時，便能成功建立團隊。
- 授權與當責的關係密不可分。捨去其一，便會失去另一。
- 對共同成功的真誠渴望，是任何事業合夥關係的唯一穩健基礎。
- 高情商並非與高智商「只是同樣」重要，而是重要多了。
- 同理心是世界上最強大的商務工具。

一旦願意接受這些事實，你所到之處都會重新顯露這些訊息。

未來預示了職場將有更大範圍的變革，以及科技將發展出更敏銳複製人類歷程的能力，我們相信重視同理心、人才及相互指導（的管理），能為許多人提供指引的明燈，也會成為某些人的救星。

工作並非始終被認為是心靈美（spiritual beauty，又譯精神美）的主要來源，但人們密切合作這個單純的共生性卻有一番巧妙的深意，尤其當他們富有同理心且彼此親密到能夠轉換角色時。不管這些人是人才與管理者、上司與下屬、導師與學生、兩名相似的同事或教練與客戶，皆是如此。

情況就像這樣，幫助另一個人即是幫助自己。

時間教會我們的是，我們商業模式的優點與成功背後的力量，全都來自於他人的成功。在努力成為夢想製造者（dream maker）的過程中，藉由讓他們的夢想成真，我們也實現了我們自己的夢想。

這就是為什麼我們認為雙贏才是唯一真正的贏得勝利。

致謝

麥可與瑞雄想感謝：

十倍力管理、十倍力晉升及布里克沃爾經紀（現在和過去）團隊一直努力做到十倍力，並在這段過程忍受我們不斷打擾的：葛里菲斯・亞當斯（Griffith Adams）、蜜雪兒・漢弗萊斯（Michelle Humphries）、賴蘭德・肯揚（Ryland Kenyon）、以賽亞・馬基茲（Isaiah Machiz）、班・米勒（Ben Miller）、麥可・華納（Michael Warner）、瑟琳娜・亞尼洛（Serena Yannello）及山姆・宰斯勒（Sam Zeisler）。

此外，我們要特別感謝十倍力及布里克沃爾的所有客戶，你們是我們的想法及行動的核心和靈魂。因為有你們全部的人一同努力，本書的概念才得以形成。感謝丹尼爾・魏茲曼（我們的「丹尼」）所做的很多事，但最重要的，是孜孜不倦幫助我們將混亂的想法整理成文字且有條理地在本書中表達。我們想要感謝阿爾泰・古梵奇（Altay Guvench）帶領我們認識十倍力的概念、成為我們的第一位客戶，並與我們共同創辦了十倍力管理顧問公司。

麥可、瑞雄及丹尼爾想感謝：

使本書得以完成並發行的十倍力級團隊，首先是露辛妲・哈爾珀恩和著作經紀公司「露辛妲文學」（Lucinda Literary）的所有人，純熟及富有熱情充當經紀人，幫助我們謹慎且有技巧地逐步闡述想法，並提供我們真正的內在與未來洞察力。其次是提姆・柏嘉德（Tim Burgard）帶我們認識了「哈珀・柯林斯領導統御」（Harper Collins Leadership），並以耐心和專業的精神編輯本書；傑夫・詹姆斯（Jeff James）信任我們，並歡迎我們加入「哈珀•柯林斯領導統御」；西西里・艾克頓（Sicily Acton）協助執行出色的行銷計畫，並將本書推向全世界；「宣傳團隊」將我們的故事精心編成故事，並從適切的角度為「哈珀•柯林斯領導統御」的所有人講述。我們要感謝克莉絲汀娜・克里弗德（Christina Clifford），她是第一位鼓勵我們撰寫及出版本書的人，她在初期的看法的確帶來重要影響，也協助將我們介紹給著作經紀人；瑪歌・舒普夫（Margo Schupf）也是早期的支持者，並給予我們著手進行的信心和指導。感謝大衛・哈爾珀恩（David Halpern）的睿智，將我們介紹給露辛妲，還有傑夫・山德勒（Geoff Shandler）的絕妙建議，不吝於付出時間和精神。

感謝所有受訪者：

亞倫・西爾旺、布萊恩・畢夏普、丹尼爾・盧貝茲基、埃爾維斯・杜蘭、格雷・薩德茲基、詹姆斯・迪耶納、傑森・魯班斯坦、傑西・李、強藍道、強納森・洛文哈、茱莉・赫胥曼、肯・李維坦、麥可・康茲、拉爾夫・培林、山姆・布萊瑟頓、莎拉・艾莉絲－科南特、史考特・高史密斯、雪莉・塞弗特、湯姆・波利曼（Tom Poleman）及凡妮莎・卡爾頓。由於你們的貢獻，本書才具有十倍力。

麥可想感謝：

珍妮・克拉瓦特・索羅門（Jenny Kravat Solomon）為所有人付出這麼多，尤其為我；露西・索羅門（Lucy Solomon）閱讀並善用本書；瑞能・索羅門（Rainen Solomon）如此聰明靈巧；艾琳・奎拉（Arlene Guerra）最先一點一滴注入其中的幾堂基礎課；奧黛莉・威納是團隊中最聰明的人；傑夫瑞・索羅門團隊中最睿智的人；戴夫・馬許（Audrey Weiner）是第一個告訴我該怎麼做的作家；芭芭拉・卡爾帶領我們邁向這條道路，並且給予我們無數的機會。

瑞雄想感謝：

特別感謝內人伊莎貝爾・布隆伯格醫師（Dr. Isabel Blumberg），她早期對本書的信心帶來了真實的激勵；我非常優秀的兒子艾利克及路克・布隆伯格（Alec and Luke Blumberg），我真的從他們身上得到鼓舞，而他們也正努力成為十倍力者——勤奮認真、相信自己，就能實現決心要做的任何事。我還要特別感謝我的母親艾薇娃・布隆伯格（Aviva Blumberg），即時翻閱本書的每一個章節，並提供了具有深刻洞見的回饋及堅定的鼓勵。感謝我非常棒且很有愛心的岳父母妮娜（Nina）和賴瑞・艾普斯汀（Larry Epstein），總是支持我。感謝艾美（Amy）和威爾・蓋茲登（Will Gadsden）、布萊恩和勞倫・艾普斯汀（Lauren Epstein），他們是最好的內兄弟和姨子，任何人都會想要擁有；我最美麗及才華洋溢的姪女和外甥女琳賽（Lindsay）、梅芮爾（Merrill）、露西、雀兒喜（Chelsea）與艾蒂（Edie），總是令我開懷大笑並時時保持警覺。我想要感謝麥可，自中學三年級以來一直是我犯罪的夥伴，還有我已認識了一輩子的丹尼爾。如果沒有你們倆的努力不懈，這本書不可能問世。

丹尼爾想感謝：

克洛維・查德威克（Clover Chadwick）、馬克思（Max）與拉瑪・魏茲曼（Rama Weizmann）及艾薇娃・布隆伯格，他們總是不吝給予愛、耐心和支持。另外，也要感謝麥可和瑞雄為我介紹了一個複雜而迷人的新世界，以及許多真實有用的概念。

參考資料

第一章

1 https://www.businessinsider.com/silicon-valley-history-technology-industry-animated-timeline-video-2017-5

2 https://www.nytimes.com/2020/01/11/style/college-tech-recruiting.html?smid=nytcore-ios-share

3 https://www.accenture.com/_acnmedia/Accenture/Conversion-Assets/Outlook/Documents/1/Accenture-Outlook-California-Dreaming-Corporate-Culture-Silicon-Valley.pdf

4 https://www.accenture.com/us-en/insight-outlook-california-dreaming-corporate-culture-silicon-valley

5 https://www.forbes.com/sites/nishacharya/2019/05/31/why-corporate-america-finally-embraced-silicon-valley/#37d9156515dc

6 https://curiosity.com/topics/you-can-build-deep-work-skills-to-increase-productivity-curiosity?utm_campaign=daily-digest&utm_source=sendgrid&utm_medium=email

7 https://www.cnn.com/2019/10/18/success/results-only-work-place/index.html?utm_term=link&utm_content=2019-12-26T04%3A00%3A15&utm_source=fbCNN&utm_medium=social

8 https://www.fastcompany.com/40475242/how-a-hacker-helped-the-coast-guard-rescue-victims-of-hurricane-harvey

9 https://www.forbes.com/sites/adigaskell/2019/01/02/solving-future-skills-challenges/#6093ef5e47d9

10 https://www.theguardian.com/technology/2018/apr/24/the-two-pizza-rule-and-the-secret-of-amazons-success

11 https://www.cnet.com/news/steve-jobs-in-his-own-words/

12 https://weekdone.com/resources/objectives-key-results

13 https://annaliotta.com/

第二章

1 http://science.knote.com/2015/02/06/7-signs-boss-old-school-deal/

2 https://www.ere.net/why-your-firm-has-a-talent-shortage-explained-bluntly/

3 https://fortune-com.cdn.ampproject.org/c/s/fortune.com/2019/07/14/artificial-intelligence-workplace-ibm-annual-review/amp/

4 https://lacanvas.com/the-magician-the-dfms-jesse-lee/

5 https://www.bloomberg.com/news/features/2017-11-14/la-s-new-hype-king-has-cracked-how-millennials-spend

第三章

1 https://theundercoverrecruiter.com/infographic-what-cost-hiring-wrong-employee/

2 https://www.businessinsider.com/tony-hsieh-making-the-right-hires-2010-10

3 https://www.worth.com/new-studies-suggest-emotional-intelligence-boosts-productivity/

第四章

1 https://www.psychologytoday.com/us/blog/anger-in-the-age-entitlement/201805/blind-spots

2 https://www.businessballs.com/self-awareness/johari-window-model-and-free-diagrams/

3 https://curiosity.com/topics/get-to-know-yourself-better-with-the-johari-window-curiosity/

第五章

1 https://www.psychologytoday.com/us/blog/hot-thought/201810/what-is-trust

2 https://medium.com/personal-growth/an-fbi-behaviour-expert-explains-how-to-quickly-build-trust-with-anyone-94a05be01cea

3 https://www.hbs.edu/faculty/Pages/item.aspx?num=52115

第六章

1 https://www.foxnews.com/entertainment/entertainment-pros-most-hollywood-moms-should-be-moms-not-momagers

2 https://docs.google.com/spreadsheets/d/1GjtQZDD8swT_3ncKmiovxB0VX_AN7oWkLl9avTBngyQ/edit#gid=519861808

第七章

1 https://www.technologyreview.com/s/614690/polygenic-score-ivf-embryo-dna-tests-genomic-prediction-gattaca/?utm_source=newsletters&utm_medium=email&utm_campaign=the_download.unpaid.engagement

2 https://www.businessinsider.com/oracle-ceo-mark-hurd-on-leadership-2019-4

3 https://www.inc.com/firas-kittaneh/3-ways-leaders-can-become-outstanding-advocates-for-their-team.html

第八章

1 https://hbr.org/2017/08/high-performing-teams-need-psychological-safety-heres-how-to-create-it

2 https://blog.betterworks.com/people-hate-being-managed-what-organizations-and-managers-need-to-do-instead/

3 https://www.businessinsider.com/tony-hsieh-zappos-holacracy-management-experiment-2015-5

第九章

1 https://hbr.org/2013/03/the-ideal-praise-to-criticism

2 https://qz.com/929275/you-probably-should-have-majored-in-computer-science/

3 https://www.glassdoor.com/blog/50-highest-paying-college-majors/

4 https://redbus2us.com/uscis-news-h1b-visa-2020-cap-reached-for-regular-quota/

5 https://technical.ly/philly/2019/12/02/aweber-tackling-stem-talent-shortage-mentorship-education-women-youth/

第十章

1 https://www.questia.com/library/journal/1G1-100390016/the-term-win-win-in-conflict-management-a-classic

10倍力，人才的應用題：
矽谷高自治、超彈性的育才法，工作力、領導力十倍升級！
Game Changer： How to Be 10x in the Talent Economy

作者	麥可・索羅門（Michael Solomon）、 瑞雄・布隆伯格（Rishon Blumberg）
譯者	黎仁隽
商周集團榮譽發行人	金惟純
商周集團執行長	郭奕伶
視覺顧問	陳栩椿
商業周刊出版部	
總編輯	余幸娟
責任編輯	涂逸凡
封面設計	Javick工作室
內文排版	点泛視覺設計工作室
出版發行	城邦文化事業股份有限公司-商業周刊
地址	104台北市中山區民生東路二段141號4樓
傳真服務	（02）2503-6989
劃撥帳號	50003033
戶名	英屬蓋曼群島商家庭傳媒股份有限公司城邦分公司
網站	www.businessweekly.com.tw
香港發行所	城邦 (香港) 出版集團有限公司 香港灣仔駱克道193號東超商業中心1樓 電話：(852)25086231 傳真：(852)25789337 E-mail：hkcite@biznetvigator.com
製版印刷	鴻柏印刷事業股份有限公司
總經銷	聯合發行股份有限公司 電話：（02）2917-8022
初版1刷	2021年（民110年）03月
定價	380元
ISBN	978-986-5519-32-2 (平裝)

國家圖書館出版品預行編目(CIP)資料

10倍力，人才的應用題：矽谷高自治、超彈性的育才法，工作力、領導力十倍升級！/麥可.索羅門(Michael Solomon), 瑞雄.布隆伯格(Rishon Blumberg)著；黎仁雋譯. -- 初版. -- 臺北市：城邦文化事業股份有限公司商業周刊, 民110.03

面； 公分

譯自：Game changer : how to be 10x in the talent economy.

ISBN 978-986-5519-32-2(平裝)

1.人力資源管理

494.3 110001334

藍學堂

學習・奇趣・輕鬆讀